湖 南 省 水 利 厅
湖 南 省 财 政 厅

湖南省水利工程维修养护定额标准

（试行）

黄 河 水 利 出 版 社
·郑 州·

内 容 提 要

本书为面向湖南省水利工程维修养护经费测算使用的定额标准，是湖南省内水利工程维修养护经费文件编制、申报和审批的主要依据，包括两篇和附件附表。第1篇定额标准，第2篇编制细则，附件为维修养护经费测算参考用表。

本定额标准适用于湖南省内已建且正常运行的水库、水闸、堤防、泵站、灌区及水文监测工程的维修养护项目。

图书在版编目(CIP)数据

湖南省水利工程维修养护定额标准：试行/湖南水利水电职业技术学院编；蒋岑主编. —郑州：黄河水利出版社，2023.1

ISBN 978-7-5509-3323-1

Ⅰ.①湖… Ⅱ.①湖… ②蒋… Ⅲ.①水利工程-维修-预算定额-标准-湖南 Ⅳ.①TV512-65

中国版本图书馆 CIP 数据核字(2022)第 114229 号

组稿编辑：田丽萍　电话：0371-66025553　E-mail：912810592@qq.com

出 版 社：黄河水利出版社　网址：www.yrcp.com

地址：河南省郑州市顺河路黄委会综合楼14层　邮政编码：450003

发行单位：黄河水利出版社

发行部电话：0371-66026940、66020550、66028024、66022620(传真)

E-mail：hhslcbs@126.com

承印单位：河南匠之心印刷有限公司

开本：890 mm×1 240 mm　1/32

印张：7.25

字数：210 千字　印数：1—2 000

版次：2023年1月第1版　印次：2023年1月第1次印刷

定价：90.00 元

湖南省水利厅
湖南省财政厅 文件

湘水发〔2022〕52号

湖南省水利厅　湖南省财政厅
关于印发《湖南省水利工程维修养护定额标准(试行)》的通知

各市州、县(市、区)水利局(水行政主管部门)、财政局,厅直有关单位:

为加强水利工程维修养护,保障水利工程安全运行和效益发挥,规范水利工程维修养护经费使用管理,根据水利部、财政部有关文件和水利工程维修养护定额标准,结合我省水利工程维修养护实际,省水利厅、省财政厅组织编制了《湖南省水利工程维修养护定额标准(试行)》。经审查批准,现予以发布,自2023年1月1日起试行,试行期两年。

在试行过程中,如有问题和意见请及时函告省水利厅、省财政厅,各地可结合实际情况参考本标准适当调整本区域相关项目维修养护标准。

湖南省水利厅　湖南省财政厅

2022 年 12 月 30 日

湖南省水利厅办公室　　2022 年 12 月 30 日印发

主 持 单 位：湖南省水利厅

湖南省财政厅

主 编 单 位：湖南水利水电职业技术学院

参 编 单 位：湖南省水利水电勘测设计规划研究总院有限公司

批　　　　准：罗毅君

审　　　　定：何伟文　范金星　杨诗君　黎军锋

审查委员会人员：王　平　蒋娟琳　陈富珍　李　光

杨铭威　杨　明　江泽智　郭勇雄

禹春辉　吴科平　周柏林　李付亮

曾更才　蒋买勇　周召梅　汪文萍

审查专家组人员：沈宏晖　范连志　陈万敏　黄祚继

胡益辉　刘伏英　唐志强　詹万春

肖建军

主　　　编：蒋　岑

副　主　编：王　晶　谢　竞　张　静　郭丽云
顾春慧　刘　正　孙　莉

参编人员：宋　莹　刘　妍　刘力奂　张馨玉
王菜刚　胡红亮　邹　颖　郭晓静
吕清华　肖　丹　周璐露　杨晓雅
黄　尧　吴韶斌　王阿香　刘　飞
陈　琪　李　响

前　言

《湖南省水利工程维修养护定额标准(试行)》(以下简称《定额标准》)是根据水利部、财政部等相关部门的规定,参照水利部、财政部2004年印发的《水利工程维修养护定额标准》,结合湖南省水利工程具体情况编制而成。

本《定额标准》在编制过程中,充分考虑了近年来国家有关政策法规的调整以及湖南省水利工程建设和运行管护中的新情况,经广泛调研、征求各方意见和建议、借鉴其他省份编制经验,通过多次研究、讨论、审查,最终经湖南省水利厅和湖南省财政厅联合审定通过并以湘水发〔2022〕52号文件发布。

本《定额标准》由两篇组成,第1篇为定额标准,第2篇为编制细则。第1篇定额标准分为五章,分别为总则、维修养护等级划分、维修养护项目、维修养护工作(工程)量、维修养护定额标准,在执行过程中,各工程按照如下编制流程确定维修养护经费:工程特性参数解析→确定工程维修养护等级→查取维修养护基本项目定额标准→根据工程实际确定调整系数→确定工程维修养护基本项目经费→确定工程维修养护调整项目经费→确定工程维修养护总经费。第2篇编制细则是对第1篇内容进一步明确和解释。附件所列编制维修养护经费格式样表供各编制单位参考使用。

本《定额标准》适用于湖南省内已建且正常运行的水库、水闸、堤防、泵站、灌区及水文监测工程的维修养护项目。本《定额标准》主编单位湖南水利水电职业技术学院,参编单位湖南省水利水电勘测设计规划研究总院有限公司,湖南水利水电职业技术学院蒋岑担任主编,张静负责水库工程、王晶负责水闸工程、谢竞负责堤防工程、郭丽云负责泵站工程、蒋岑负责灌区工程、顾春慧负责水文监测工程编写,孙莉负责统稿及校稿,湖南省水利水电勘测设计规划研究总院有限公司刘正负责小型水库编写。

本《定额标准》在编制过程中得到了省内外单位领导和专家的大力支持，在此感谢水利部、安徽省水利厅、江西省水利厅、贵州省水利厅等省外单位领导及专家的帮助！感谢湖南省财政厅、湖南省水利厅、湖南省水文水资源勘测中心、湖南省洞庭湖水利事务中心等单位领导的鼎力支持！同时，在现场调研和实际工程测试测算过程中得到了欧阳海灌区水利水电工程管理局、韶山灌区工程管理局、长沙县水利局、益阳市水利局等各地州市水利局及其水管单位的配合和协助，在此一并对所有为本《定额标准》出台而付出努力的领导及同仁们表示感谢！

由于编者编制时间及水平有限，不足之处在所难免。《定额标准》在试行使用过程中，请各地各单位结合实践认真总结经验并注意资料的收集积累，如发现需要修改和补充之处，请及时将意见和有关资料寄交湖南省水利厅运行管理与监督处(地址：长沙市雨花区韶山北路 370 号，邮编：410007)或发送至邮箱 120211581@ qq. com，以供今后修订时参考。

编　者

2023 年 1 月

目　录

第1篇　定额标准

第2篇 编制细则

附　件

第1篇

定额标准

1　总　则

1.1　为加强湖南省水利工程维修养护经费管理，规范水利工程维修养护经费预算文件编制，合理确定水利工程维修养护经费支出，提高资金使用效果，根据有关法律法规、技术标准和规定，结合湖南省水利工程运行管理实际，制定《湖南省水利工程维修养护定额标准（试行）》（简称《定额标准》）。《定额标准》是湖南省内水利工程维修养护经费文件编制、申报和审批的主要依据。

1.2　《定额标准》适用于湖南省内已建且正常运行的水库、水闸、堤防、泵站、灌区及水文监测工程的维修养护项目。

1.3　水利工程维修养护指在维持原有工程面貌或局部改善、保持工程的原有规模和标准不改变的情况下，对该水利工程进行日常维修养护。不包括大修、更新改造、除险加固，不包括行政事业单位编制由财政单独核拨经费的水管单位在职人员经费、离退休人员经费及日常公用经费。

1.4　《定额标准》的主要依据：《湖南省水利工程管理条例》《堤防工程养护修理规程》《水闸技术管理规程》《泵站技术管理规程》《土石坝养护修理规程》《混凝土坝养护修理规程》《灌溉与排水工程技术管理规程》《水文基础设施及技术装备管理规范》等。

1.5　《定额标准》使用步骤：工程特性参数解析→确定工程维修养护等级→查取维修养护基本项目定额标准→根据工程实际确定调整系数→确定工程维修养护基本项目经费→确定工程维修养护调整项目经费→确定工程维修养护总经费。

1.6　《定额标准》包括直接费、间接费、利润和税金，材料预算价格按照 2021 年第三季度价格水平计取。

1.7　调整系数中的“使用年限”以新建或最近除险加固后运行次年为维修养护计算基准年的起算年份，第 1 年至第 10 年使用年限调整系数取值 1.0,第 11 年开始使用年限调整系数每年增加 0.01,当达到规范规定的耐久性合理使用年限后系数不再增加。

1.8 《定额标准》中未列项的工程维修养护项目,根据实际需要可增列至调整项目中。

1.9 《定额标准》在使用中考虑地区调整系数,一类地区取 1.04、二类地区取 1.06、一般地区取 1.0,计算基数为维修养护基本项目经费、维修养护调整项目经费、其他经费之和。一类区(6 个):张家界市桑植县,永州市江华瑶族自治县,邵阳市城步苗族自治县,怀化市麻阳苗族自治县、新晃侗族自治县及通道侗族自治县。二类区(8 个):湘西土家族苗族自治州的吉首市、泸溪县、凤凰县、花垣县、保靖县、古丈县、永顺县、龙山县。其他均为一般地区。

1.10 《定额标准》适用于公益性和准公益性水利工程的维修养护经费计算。对准公益性水利工程维修养护经费需进行分摊,公益性部分的维修养护经费分摊系数应按如下方法进行分摊:

(1)库容比例法。公益性部分维修养护经费分摊系数=防洪库容/(兴利库容+防洪库容)。

(2)水量比例法。公益性部分维修养护经费分摊系数=(总用水量-供水量)/总用水量。

同时运用上述两种方法划分的工程,选取上述两种方法的小值计算公益部分的维修养护费用。

1.11 《定额标准》由湖南省水利厅和湖南省财政厅负责解释。

2 维修养护等级划分

2.1 水库工程维修养护等级划分

水库工程维修养护等级划分主要依据《水利水电工程等级划分及洪水标准》(SL 252)和湖南省水库坝高统计资料,按照总库容和坝高指标划分为八级。具体划分标准按表 2.1 执行。

表 2.1 水库工程维修养护等级划分

维修养护等级		一	二	三	四	五	六	七	八
总库容 V/亿 m^3		$V \geq 10$	$10 > V \geq 1$	$1 > V \geq 0.1$		$0.1 > V \geq 0.01$		$V < 0.01$	
最大坝高 H/m	土石坝	—	—	$H \geq 40$	$H < 40$	$H \geq 25$	$H < 25$	$H \geq 15$	$H < 15$
	混凝土坝	—	—	$H \geq 50$	$H < 50$	$H \geq 30$	$H < 30$	$H \geq 20$	$H < 20$

注:(1)水库工程维修养护等级根据总库容和最大坝高确定。

(2)混凝土坝指坝体由混凝土或浆砌石构成的坝,土石坝指坝体主要由土料或堆石料构成的坝。

(3)水库枢纽工程由多座大坝组成,各独立坝体分别确定维修养护等级。

2.2 水闸工程维修养护等级划分

水闸工程维修养护等级根据湖南省水闸工程实际情况和《水利工程建设标准强制性条文》(2020年版)分两种情况进行划分:2017年以前兴建的水闸按照流量、孔口面积指标划分;2017年以后新建的水闸按工程建设等别、孔口面积指标划分。水闸工程维修养护等级划分为八级。具体划分标准按表2.2-1、表2.2-2执行。

表2.2-1 水闸工程维修养护等级划分

维修养护等级		一	二	三	四	五	六	七	八
分等指标	流量 $Q/(m^3/s)$	$Q \geqslant 10\ 000$	$10\ 000 > Q \geqslant 5\ 000$	$5\ 000 > Q \geqslant 3\ 000$	$3\ 000 > Q \geqslant 1\ 000$	$1\ 000 > Q \geqslant 500$	$500 > Q \geqslant 100$	$100 > Q \geqslant 10$	$Q < 10$
	孔口面积 A/m^2	$A \geqslant 2\ 000$	$2\ 000 > A \geqslant 1\ 000$	$1\ 000 > A \geqslant 600$	$600 > A \geqslant 400$	$400 > A \geqslant 200$	$200 > A \geqslant 50$	$50 > A \geqslant 10$	$A < 10$

注:(1)同时满足流量及孔口面积两个条件,即为该维修养护等级水闸。如只具备其中一个条件,其等级降低一级。

(2)流量按校核洪水标准的流量,无校核洪水标准时按设计洪水标准的流量。

(3)孔口面积=孔口宽度×(校核水位-水闸底板高程)。

(4)适用范围为2017年以前(含2017年)的水闸。

表 2.2-2 水闸工程维修养护等级划分

维修养护等级		一	二	三	四	五	六	七	八
分等指标	工程等别	Ⅰ		Ⅱ		Ⅲ		Ⅳ	Ⅴ
	孔口面积 A/m^2	$A \geqslant 2\ 000$	$A<2\ 000$	$A \geqslant 600$	$A<600$	$A \geqslant 200$	$A<200$	$A \geqslant 10$	$A<10$

注:(1)适用范围为 2017 年以后新建的水闸。
(2)按《水利水电工程等级划分及洪水标准》(SL 252)确定工程等别后,再结合孔口面积确定水闸工程维修养护等级。
(3)测算时不考虑流量调整系数。

2.3 堤防工程维修养护等级划分

堤防工程维修养护等级主要依据《水利水电工程等级划分及洪水标准》(SL 252)和湖南省堤防背河堤高统计资料,划分为八级。具体划分标准按表 2.3 执行。

表 2.3 堤防工程维修养护等级划分

维修养护等级		一	二	三	四	五	六	七	八
分等指标	堤防工程等级	1 级堤防		2 级堤防		3 级堤防		4 级堤防	5 级堤防
	背河堤高 H/m	$H \geqslant 10$	$H<10$	$H \geqslant 9$	$H<9$	$H \geqslant 8$	$H<8$	—	—

注:(1)1~3 级堤防同时满足堤防工程等级和背河堤高两个条件确定为相应的维修养护等级。
(2)背河堤高指一个堤防管理段 60% 长度能够达到的堤高标准。

2. 4 泵站工程维修养护等级划分

泵站工程维修养护等级主要依据《水利水电工程等级划分及洪水标准》(SL 252)和湖南省泵站统计资料,综合各泵站流量、扬程、装机功率等特征,选取装机功率为等级划分指标。泵站工程维修养护等级划分为八级,具体划分标准按表 2. 4 执行。

表 2. 4 泵站工程维修养护等级划分

维修养护等级		一	二	三	四	五	六	七	八
分等指标	装机功率 P/kW	$P \geqslant 30\ 000$	$30\ 000 > P \geqslant 10\ 000$	$10\ 000 > P \geqslant 5\ 000$	$5\ 000 > P \geqslant 3\ 000$	$3\ 000 > P \geqslant 1\ 000$	$1\ 000 > P \geqslant 500$	$500 > P \geqslant 100$	$P < 100$

注:(1)装机功率指泵站包括备用机组在内的单站装机功率。

(2)移动式泵站不划分等级。

2. 5 灌区工程维修养护等级划分

灌区输水工程中灌排渠(沟)道工程、渡槽工程、倒虹吸工程、涵(隧)洞工程、管道工程维修养护等级主要依据《水利水电工程等级划分及洪水标准》(SL 252)和湖南省灌区统计资料,按设计流量分为八级,具体划分标准按表 2. 5-1 执行。灌区中水闸工程和泵站工程分别参照水闸工程和泵站工程相应的维修养护标准进行划分和执行。

表 2.5-1　灌区输水工程维修养护等级划分

维修养护等级		一	二	三	四	五	六	七	八
分等指标	设计流量 $Q/(m^3/s)$	$Q \geqslant 300$	$300 > Q \geqslant 100$	$100 > Q \geqslant 50$	$50 > Q \geqslant 20$	$20 > Q \geqslant 10$	$10 > Q \geqslant 5$	$5 > Q \geqslant 3$	$Q < 3$

注:(1)灌区输水工程指灌排渠(沟)工程和灌排建筑物工程,包括渠道、渡槽、倒虹吸、涵(隧)洞、管道、跌水陡坡。

(2)灌排渠(沟)工程设计流量以渠首设计流量计。

(3)灌区附属设施及绿化保洁依据灌区输水工程按渠首总流量划分等级。

灌区工程中滚水坝工程维修养护等级按照滚水坝坝体体积分为六级,具体划分标准按表 2.5-2 执行。

表 2.5-2　灌区滚水坝工程维修养护等级划分

维修养护等级		一	二	三	四	五	六
分等指标	滚水坝坝体体积 V/m^3	$V \geqslant 32\ 000$	$32\ 000 > V \geqslant 10\ 000$	$10\ 000 > V \geqslant 7\ 500$	$7\ 500 > V \geqslant 3\ 600$	$3\ 600 > V \geqslant 2\ 200$	$V < 2\ 200$

灌区工程中橡胶坝工程维修养护等级按照橡胶坝滚水堰长度划分为六级,具体划分标准按表 2.5-3 执行。

表 2.5-3　灌区橡胶坝工程维修养护等级划分

维修养护等级		一	二	三	四	五	六
分等指标	橡胶坝滚水堰长度 L/m	$L \geqslant 150$	$150 > L \geqslant 120$	$120 > L \geqslant 90$	$90 > L \geqslant 60$	$60 > L \geqslant 40$	$L < 40$

2.6　水文监测工程维修养护等级划分

水文监测工程不同测站同项目所用监测设备基本相同，无等级区别，故本次不进行等级划分。

3　维修养护项目

3.1　水库工程维修养护项目

3.1.1　水库工程维修养护项目构成

水库工程维修养护项目包括维修养护基本项目和维修养护调整项目。

(1)水库工程维修养护基本项目按照挡水建筑物类型分为水库工程(土石坝)维修养护基本项目和水库工程(混凝土坝)维修养护基本项目两类。水库工程(土石坝)维修养护基本项目包括:大坝工程维修养护,输、放水设施维修养护,泄洪工程维修养护,附属设施及管理区维修养护等。水库工程(混凝土坝)维修养护基本项目包括:大坝工程维修养护,输、放水设施维修养护,附属设施及管理区维修养护等。

(2)水库工程维修养护调整项目包括:库区抢险应急设备维修养护,防汛物资器材维修养护,通风机维修养护,自备发电机组维修养护,雨水情测报、安全监测设施及信息化系统维修养护,防汛专用道路维修养护,坝顶限宽限高拦车墩维修养护,白蚁防治,库岸挡墙工程维修养护,安全鉴定,引水坝及引水渠维修养护等。

3.1.2　水库工程维修养护项目清单

水库工程维修养护基本项目清单分别按表 3.1.2-1、表 3.1.2-2 执行。水库工程维修养护调整项目清单按表 3.1.2-3 执行。

表 3.1.2-1　水库工程(土石坝)维修养护基本项目清单

序号	项目名称	维修养护工作内容
一	大坝工程维修养护	
1	坝顶维修养护	
1.1	坝顶土方养护修整	对受损坝顶采用机械或人工方式进行土方开挖、清基、刨毛、补土、整平、压实,按原标准恢复
1.2	坝顶道路维修养护	①砂石(泥结石)路面对保护层进行铺砂、扫砂、匀砂养护,对磨耗层破损、坑槽、车辙、破浪等病害进行修复 ②沥青道路根据破损形式和程度采用热材料或冷材料先修补基层,再修复面层,必要时需铺筑上封层或进行路面补强 ③混凝土(水泥)路面采用直接灌浆或扩缝补块方法对路面裂缝和破损进行修补,路面脱空和坑洞采用灌浆法进行修复,接缝修复清理嵌入杂物,采用适宜材料灌缝填补
2	坝坡维修养护	
2.1	坝坡土方养护修整	采用机械或人工对局部缺损、滑坡和雨淋沟进行修复,分层回填夯实并整平,所用土料宜与原筑坝土料一致,防渗性能满足要求
2.2	硬护坡维修养护	①人工定期对护坡表面杂草、杂物进行清除 ②及时填补、揳紧个别脱落或松动的护坡,及时更换风化或损毁块石并嵌砌紧密,块石塌陷、垫层被淘刷时应先翻出石料,恢复坝体和垫层后再将块石嵌砌紧密;破碎面较大,且垫层被淘刷,砌体有架空时应拆除面层,修复土体和垫层并恢复坡面,定期疏通、修复淤塞和损坏排水孔

续表 3.1.2-1

序号	项目名称	维修养护工作内容
2.3	草皮护坡养护	①及时采用人工或机械方法清除高秆植物、杂草等 ②适时进行修剪,保持美观 ③根据需要适时进行浇水、施肥和防虫
2.4	草皮补植	及时选择适宜品种进行枯死、损毁或冲刷流失草皮的补植
3	防浪墙维修养护	
3.1	墙体维修养护	①及时对墙体表面脱落和缺失涂层进行粉刷和修复,保持美观 ②根据损坏情况,采取表面处理和翻修相结合的方式,按原状修复
3.2	伸缩缝维修养护	及时对填充料缺失部位进行填补,对损坏部位进行局部拆除修复
4	减压及排(渗)水工程维修养护	
4.1	减压及排渗工程维修养护	①对损坏防渗、排水棱体、贴坡排水、反滤体或保护层采用相同材料修复,并恢复原结构 ②对排渗功能不满足要求的减压井进行"洗井"处理 ③修复更换无法正常使用的测压管
4.2	排水沟维修养护	①定期清理、疏通排水设施 ②对破损的排水沟进行修复
二	输、放水设施维修养护	
1	进水口建筑物维修养护	
1.1	进水塔维修养护	进水塔工作桥、排架等混凝土保护层破损可采用高强砂浆表面抹补处理,对露筋明显的部位可局部挖除、重新浇筑混凝土处理

续表 3.1.2-1

序号	项目名称	维修养护工作内容
1.2	卧管维修养护	卧管混凝土保护层破损可采用高强砂浆表面抹补处理,对露筋明显的部位可局部挖除、重新浇筑混凝土处理
2	涵(隧)洞维修养护	
2.1	洞身维修养护	①表面破损、剥蚀等缺陷可采用水泥砂浆,细石,混凝土或环氧类材料进行修补 ②可采用灌浆堵漏(水泥灌浆,化学灌浆)方式进行处理 ③清除淤泥、杂物
2.2	进出口边坡维修养护	①表面裂缝、碎石滑落可以采用喷射混凝土、挂网、打锚杆、锚索等方法进行修补 ②异常渗水可采用增设排水设施的方式进行处理
2.3	出口消能设施维修养护	①采用填充法对侵蚀或破损消能防冲工程进行修复 ②根据损坏情况,采取表面处理和翻修相结合的方式,对护坎、护岸及护坡工程按原状修复
3	闸门维修养护	此处指输、放水设施中的闸门

续表 3.1.2-1

序号	项目名称	维修养护工作内容
3.1	钢闸门及埋件防腐处理	①清除闸门杂物 ②紧固、补配松动或丢失构件 ③矫正小局部变形 ④补焊开裂焊缝 ⑤闸门出现局部锈斑、针状锈迹时，应及时补涂涂料 ⑥涂层普遍出现剥落、鼓泡、龟裂、粉化等老化现象时，应全部重做防腐涂层
3.2	止水更换	①当止水橡皮出现磨损、变形或自然老化、失去弹性且漏水量超过规定时，应予更换 ②止水压板严重锈蚀时应更换，压板螺栓、螺母不齐全时应补全 ③止水木腐蚀损坏时，应予更换
3.3	闸门行走支承装置维修养护	闸门行走支承装置的零部件出现变形、磨损等现象时，应予更换
4	启闭机维修养护	此处指输、放水设施中的启闭机
4.1	机体表面防腐处理	①定期对机体进行保洁，每 2 年进行 1 次涂漆保护 ②定期进行润滑，紧固各松动零件，并更换变形、磨损零部件
4.2	钢丝绳维修养护	①钢丝绳每月清洁 1 次，定期刷油更新；及时更换断丝、磨损、腐蚀严重的钢丝绳，及时处理钢丝绳扭结、松股现象 ②双吊点启闭机钢丝绳两吊轴高差超标时，应及时调整 ③钢丝绳断丝数、直径、拉力超过允许值时宜更换

续表 3.1.2-1

序号	项目名称	维修养护工作内容
4.3	传(制)动系统维修养护	①及时紧固松动零件,更换变形、磨损严重的零部件 ②定期对传动装置进行清洗,及时加注润滑油 ③定期维护自动装置,保持制动液符合规定
5	机电设备维修养护	此处指输、放水设施中的机电设备
5.1	电动机维修养护	①定期进行清洁保养,每 2 年对室外设备进行 1 次除锈、刷漆防腐;及时处理大面积剥落的表面涂层 ②及时更换松动、磨损的轴承,及时加注润滑油 ③及时调整定转子间隙,使之均匀 ④按规定要求进行电气试验,试验结果符合国家现行规定,对不符合要求的部件及时修复或更换
5.2	操作系统维修养护	①每月对各柜体进行清洁保养,及时修复损坏的防水防潮设施 ②及时对破损、老化的线路进行更换,对缠绕异常的线路进行整理;及时更换或增补不符合要求的绝缘电阻和接地电阻 ③定期对各类开关装置进行检查、养护和校验,紧固松动的接头和连接件,及时更换不灵敏及损坏元器件 ④及时更换损坏的指示信号灯,定期对各种仪表进行校验,对不符合要求的仪表及时修复或更换
5.3	配电设施维修养护	①每月对变压器及各设备柜体进行清洁保养,清除影响变压器安全运行的树枝和杂物 ②定期检查变压器油位油质,并及时补油或换油;紧固松动接头和连接件 ③定期对柜箱内电气线路进行检查,对破损、老化线路进行更换 ④定期对各类开关、控制器、继电保护装置进行检查、养护和校验,及时修复或更换不符合要求的元器件 ⑤定期对高压电器设备进行预防性试验,及时检修或更换不满足要求的部件

续表 3.1.2-1

序号	项目名称	维修养护工作内容
5.4	输变电系统维修养护	①定期对架设线路部位进行检查,设立标志,清除障碍,修复或更换破损的线路 ②定期检查线路漏电、短路、断路、虚连现象,紧固松动接头,及时更换破损、老化线路 ③及时修复损坏电缆沟、电缆槽,清除沟槽内积水、杂物
5.5	避雷设施维修养护	①定期检查避雷器、避雷针,及时修复或更换断裂、锈蚀、焊接不牢固的部位 ②每年校验避雷器、避雷针接地电阻,及时更换不满足规定的接地电阻
6	物料、动力消耗	此处指输、放水设施中的物料、动力消耗
6.1	电力消耗	维修养护用电
6.2	柴油消耗	备用发电机维修养护、调试、设备清洗、保养等用油
6.3	机油消耗	机电设备等维修养护用油
6.4	黄油消耗	机电设备等维修养护用油
三	泄洪工程维修养护	
1	溢洪道维修养护	
1.1	底板维修养护	①底板钢筋混凝土保护层破损可采用高强砂浆表面抹补处理,对露筋明显的部位可局部挖除、重新浇筑混凝土处理 ②底板砌体表面裂缝可采用表面贴补、堵塞封闭、灌浆处理等处理措施 ③勾缝砂浆脱落部位应采用不低于原标准的砂浆重新勾缝 ④定期清理砌体表面各类杂物和过流面存在的石块、重物 ⑤块石冲刷脱落部位进行局部拆除,并按原设计要求重新砌筑或浇筑满足规范要求的混凝土

续表 3.1.2-1

序号	项目名称	维修养护工作内容
1.2	挡墙维修养护	①挡墙钢筋混凝土保护层破损可采用高强砂浆表面抹补处理,对露筋明显的部位可局部挖除、重新浇筑混凝土处理 ②挡墙砌体表面裂缝可采用表面贴补、堵塞封闭、灌浆处理等处理措施 ③勾缝砂浆脱落部位应采用不低于原标准的砂浆重新勾缝 ④定期清理砌体表面各类杂物和过流面存在的石块、重物 ⑤块石冲刷脱落部位进行局部拆除,并按原设计要求重新砌筑或浇筑满足规范要求的混凝土
1.3	伸缩缝、止水设施维修养护	及时修复或更换损坏、老化的止水材料及柔性填料
2	泄洪洞维修养护	
2.1	洞身维修养护	①表面破损及剥蚀等缺陷可采用水泥砂浆、细石、混凝土或环氧类材料进行修补 ②可采用灌浆堵漏(水泥灌浆、化学灌浆)方式进行处理 ③清除淤泥、杂物
2.2	进出口边坡维修养护	①表面裂缝、碎石滑落可以采用喷射混凝土、挂网、打锚杆、打锚索等方法进行修补 ②异常渗水可采用增设排水设施的方式进行处理

续表 3.1.2-1

序号	项目名称	维修养护工作内容
3	消能防冲工程维修养护	①采用填充法对侵蚀或破损消能防冲工程进行修复 ②根据损坏情况,采取表面处理和翻修相结合的方式,对护坎、护岸及护坡工程按原状修复
4	闸门维修养护	此处指溢洪道泄洪闸门
4.1	钢闸门及埋件防腐处理	①清除闸门杂物 ②紧固、补配松动或丢失构件 ③矫正小局部变形 ④补焊开裂焊缝 ⑤闸门出现局部锈斑、针状锈迹时,应及时补涂涂料 ⑥涂层普遍出现剥落、鼓泡、龟裂、粉化等老化现象时,应全部重做防腐涂层
4.2	止水更换	①当止水橡皮出现磨损、变形或自然老化、失去弹性且漏水量超过规定时,应予更换 ②止水压板严重锈蚀时应更换,压板螺栓、螺母不齐全时应补全 ③止水木腐蚀损坏时,应予更换
4.3	闸门行走支承装置维修养护	闸门行走支承装置的零部件出现变形、磨损等现象时,应予更换
5	启闭机维修养护	此处指溢洪道泄洪闸门的启闭机
5.1	机体表面防腐处理	①定期对机体进行保洁,每 2 年进行 1 次涂漆保护 ②定期进行润滑,紧固各松动零件,并更换变形、磨损零部件

续表 3.1.2-1

序号	项目名称	维修养护工作内容
5.2	钢丝绳维修养护	①钢丝绳每月清洁 1 次,定期刷油更新;及时更换断丝、磨损、腐蚀严重的钢丝绳,及时处理钢丝绳扭结、松股现象 ②双吊点启闭机钢丝绳两吊轴高差超标时,应及时调整 ③钢丝绳断丝数、直径、拉力超过允许值时宜更换
5.3	传(制)动系统维修养护	①及时紧固松动零件,更换变形、磨损严重的零部件 ②定期对传动装置进行清洗,及时加注润滑油 ③定期维护自动装置,保持制动液符合规定
6	机电设备维修养护	此处指溢洪道泄洪设施的机电设备
6.1	电动机维修养护	①定期进行清洁保养,每 2 年对室外设备进行 1 次除锈、刷漆防腐;及时处理大面积剥落的表面涂层 ②及时更换松动、磨损的轴承,及时加注润滑油 ③及时调整定转子间隙,使之均匀 ④按规定要求进行电气试验,试验结果符合国家现行规定,对不符合要求的部件及时修复或更换

续表 3.1.2-1

序号	项目名称	维修养护工作内容
6.2	操作系统维修养护	①每月对各柜体进行清洁保养,及时修复损坏的防水防潮设施 ②及时对破损、老化的线路进行更换,对缠绕异常的线路进行整理;及时更换或增补不符合要求的绝缘电阻和接地电阻 ③定期对各类开关装置进行检查、养护和校验,紧固松动的接头和连接件,及时更换不灵敏及损坏元器件 ④及时更换损坏的指示信号灯,定期对各种仪表进行校验,对不符合要求的仪表及时修复或更换
6.3	配电设施维修养护	①每月对变压器及各设备柜体进行清洁保养,清除影响变压器安全运行的树枝和杂物 ②定期检查变压器油位油质,并及时补油或换油;紧固松动接头和连接件 ③定期对柜箱内电气线路进行检查,对破损、老化线路进行更换 ④定期对各类开关、控制器、继电保护装置进行检查、养护和校验,及时修复或更换不符合要求的元器件 ⑤定期对高压电器设备进行预防性试验,及时检修或更换不满足要求的部件
6.4	输变电系统维修养护	①定期对架设线路部位进行检查,设立标志,清除障碍,修复或更换破损的线路 ②定期检查线路漏电、短路、断路、虚连现象,紧固松动接头,及时更换破损、老化线路 ③及时修复损坏电缆沟、电缆槽,清除沟槽内积水、杂物

续表 3.1.2-1

序号	项目名称	维修养护工作内容
6.5	避雷设施维修养护	①定期检查避雷器、避雷针,及时修复或更换断裂、锈蚀、焊接不牢固的部位 ②每年校验避雷器、避雷针接地电阻,及时更换不满足规定的接地电阻
7	物料、动力消耗	此处指溢洪道泄洪闸门及启闭机的物料、动力消耗
7.1	电力消耗	维修养护用电
7.2	柴油消耗	备用发电机维修养护、调试、设备清洗、保养等用油
7.3	机油消耗	机电设备等维修养护用油
7.4	黄油消耗	机电设备等维修养护用油
四	附属设施及管理区维修养护	
1	房屋维修养护	①及时修缮管理区房屋屋顶、墙面、地面、门窗破损部位,做好屋顶、墙面防水处理 ②及时检修、更换无法正常使用的水电线路和照明设施
2	管理区维修养护	①定期对管理区绿化工程进行养护 ②及时按标准修复损坏的工作道路,疏通修复排水沟 ③及时维修和更换损坏照明设施 ④及时清理坝前杂物
3	围墙、护栏、爬梯、扶手维修养护	定期进行涂漆防锈,及时修复破损挡墙、围墙、护栏、爬梯和扶手
4	标志牌维修养护	①对各类标志牌进行清洁并除锈出新 ②对丢失或缺失部分进行补充

表 3.1.2-2　水库工程(混凝土坝)维修养护基本项目清单

序号	项目名称	维修养护工作内容
一	大坝工程维修养护	
1	混凝土坝维修养护	
1.1	混凝土结构表面裂缝、破损、侵蚀及碳化处理	①混凝土表面轻微裂缝可采取封闭处理等措施 ②混凝土表面剥蚀、磨损、冲刷、风化等缺陷可采用水泥砂浆、细石混凝土或环氧类材料等进行修补 ③混凝土碳化与侵蚀可采用涂料涂层全面封闭防护进行处理
1.2	坝体表面保护层维修养护	采用坝体表面相同材料对表面保护层进行修复
1.3	坝顶路面维修养护	①沥青道路根据破损形式和程度采用热材料或冷材料先修补基层,再修复面层,必要时需铺筑上封层或进行路面补强 ②混凝土路面采用直接灌浆或扩缝补块方法对路面裂缝和破损进行修补,路面脱空和坑洞采用灌浆法进行修复,接缝修复清理嵌入杂物,采用适宜材料灌缝填补
1.4	防浪墙维修养护	①及时对墙体表面脱落和缺失涂层进行修复,保持美观 ②根据损坏情况,采取表面处理和翻修相结合的方式,按原状修复
1.5	伸缩缝、止水及排水设施维修养护	①及时对伸缩缝填充料老化脱落、缺失部位进行更换和充填 ②对止水损坏部位进行凿除,重新更换止水材料 ③定期疏通排水设施,清除淤积物

续表 3.1.2-2

序号	项目名称	维修养护工作内容
2	坝下消能防冲工程维修养护	
2.1	坝下消能防冲工程维修养护	采用填充法对侵蚀或破损消能防冲工程进行修复
2.2	护坎、护岸、护坡工程维修养护	根据损坏情况,采取表面处理和翻修相结合的方式,对护坎、护岸及护坡工程按原状修复
3	闸门维修养护	
3.1	钢闸门及埋件防腐处理	①清除闸门杂物 ②紧固、补配松动或丢失构件 ③矫正小局部变形 ④补焊开裂焊缝 ⑤闸门出现局部锈斑、针状锈迹时,应及时补涂涂料 ⑥涂层普遍出现剥落、鼓泡、龟裂、粉化等老化现象时,应全部重做防腐涂层
3.2	止水更换	①当止水橡皮出现磨损、变形或自然老化、失去弹性且漏水量超过规定时,应予更换 ②止水压板严重锈蚀时应更换,压板螺栓、螺母不齐全时应补全 ③止水木腐蚀损坏时,应予更换
3.3	闸门行走支承装置维修养护	闸门行走支承装置的零部件出现变形、磨损等现象时,应予更换
4	启闭机维修养护	
4.1	机体表面防腐处理	①定期对机体进行保洁,每2年进行1次涂漆保护 ②定期进行润滑,紧固各松动零件,并更换变形、磨损零部件

续表 3.1.2-2

序号	项目名称	维修养护工作内容
4.2	钢丝绳维修养护	①钢丝绳每月清洁 1 次,定期刷油更新;及时更换断丝、磨损、腐蚀严重的钢丝绳,及时处理钢丝绳扭结、松股现象 ②双吊点启闭机钢丝绳两吊轴高差超标时,应及时调整 ③钢丝绳断丝数、直径、拉力超过允许值时宜更换
4.3	传(制)动系统维修养护	①及时紧固松动零件,更换变形、磨损严重的零部件 ②定期对传动装置进行清洗,及时加注润滑油 ③定期维护自动装置,保持制动液符合规定
5	机电设备维修养护	
5.1	电动机维修养护	①定期进行清洁保养,每 2 年对室外设备进行 1 次除锈、刷漆防腐;及时处理大面积剥落的表面涂层 ②及时更换松动、磨损的轴承,及时加注润滑油 ③及时调整定转子间隙,使之均匀 ④按规定要求进行电气试验,试验结果符合国家现行规定,对不符合要求的部件及时修复或更换

续表 3.1.2-2

序号	项目名称	维修养护工作内容
5.2	操作系统维修养护	①及时修复损坏的防水防潮设施 ②及时对破损、老化的线路进行更换,对缠绕异常的线路进行整理;及时更换或增补不符合要求的绝缘电阻和接地电阻 ③定期对各类开关装置进行检查、养护和校验,紧固松动的接头和连接件,及时更换不灵敏及损坏元器件 ④及时更换损坏的指示信号灯,定期对各种仪表进行校验,对不符合要求的仪表及时修复或更换
5.3	配电设施维修养护	①清除影响变压器安全运行的树枝和杂物 ②定期检查变压器油位油质,并及时补油或换油;紧固松动接头和连接件 ③定期对柜箱内电气线路进行检查,对破损、老化线路进行更换 ④定期对各类开关、控制器、继电保护装置进行检查、养护和校验,及时修复或更换不符合要求的元器件 ⑤定期对高压电器设备进行预防性试验,及时检修或更换不满足要求的部件
5.4	输变电系统维修养护	①定期对架设线路部位进行检查,设立标志,清除障碍,修复或更换破损的线路 ②定期检查线路漏电、短路、断路、虚连现象,紧固松动接头,及时更换破损、老化线路 ③及时修复损坏电缆沟、电缆槽,清除沟槽内积水、杂物

续表 3.1.2-2

序号	项目名称	维修养护工作内容
5.5	避雷设施维修养护	①定期检查避雷器、避雷针,及时修复或更换断裂、锈蚀、焊接不牢固的部位 ②每年校验避雷器、避雷针接地电阻,及时更换不满足规定的接地电阻
6	物料、动力消耗	指泄洪闸门及启闭机的物料、动力消耗
6.1	电力消耗	维修养护用电
6.2	柴油消耗	备用发电机维修养护、调试、设备清洗、保养等用油
6.3	机油消耗	机电设备等维修养护用油
6.4	黄油消耗	机电设备等维修养护用油
二	输、放水设施维修养护	
1	进水口建筑物维修养护	
1.1	进水塔维修养护	进水塔工作桥、排架等混凝土保护层破损可采用高强砂浆表面抹补处理,对露筋明显的部位可局部挖除、重新浇筑混凝土处理
1.2	卧管维修养护	卧管混凝土保护层破损可采用高强砂浆表面抹补处理,对露筋明显的部位可局部挖除、重新浇筑混凝土处理
2	涵(隧)洞维修养护	

续表 3.1.2-2

序号	项目名称	维修养护工作内容
2.1	洞身维修养护	①表面破损、剥蚀等缺陷可采用水泥砂浆,细石,混凝土或环氧类材料进行修补 ②可采用灌浆堵漏(水泥灌浆,化学灌浆)方式进行处理 ③清除淤泥、杂物
2.2	进出口边坡维修养护	①表面裂缝、碎石滑落可以采用喷射混凝土、挂网、打锚杆、锚索等方法进行修补 ②异常渗水可采用增设排水设施的方式进行处理
2.3	出口消能设施维修养护	①采用填充法对侵蚀或破损消能防冲工程进行修复 ②根据损坏情况,采取表面处理和翻修相结合的方式,对护坎、护岸及护坡工程按原状修复
3	闸门维修养护	
3.1	钢闸门及埋件防腐处理	①清除闸门杂物 ②紧固、补配松动或丢失构件 ③矫正小局部变形 ④补焊开裂焊缝 ⑤闸门出现局部锈斑、针状锈迹时,应及时补涂涂料 ⑥涂层普遍出现剥落、鼓泡、龟裂、粉化等老化现象时,应全部重做防腐涂层
3.2	止水更换	①当止水橡皮出现磨损、变形或自然老化、失去弹性且漏水量超过规定时,应予更换 ②止水压板严重锈蚀时应更换,压板螺栓、螺母不齐全时应补全 ③止水木腐蚀损坏时,应予更换
3.3	闸门行走支承装置维修养护	闸门行走支承装置的零部件出现变形、磨损等现象时,应予更换

续表 3.1.2-2

序号	项目名称	维修养护工作内容
4	启闭机维修养护	
4.1	机体表面防腐处理	①定期对机体进行保洁,每 2 年进行 1 次涂漆保护 ②定期进行润滑,紧固各松动零件,并更换变形、磨损零部件
4.2	钢丝绳维修养护	①钢丝绳每月清洁 1 次,定期刷油更新;及时更换断丝、磨损、腐蚀严重的钢丝绳,及时处理钢丝绳扭结、松股现象 ②双吊点启闭机钢丝绳两吊轴高差超标时,应及时调整 ③钢丝绳断丝数、直径、拉力超过允许值时宜更换
4.3	传(制)动系统维修养护	①及时紧固松动零件,更换变形、磨损严重的零部件 ②定期对传动装置进行清洗,及时加注润滑油 ③定期维护自动装置,保持制动液符合规定
5	机电设备维修养护	
5.1	电动机维修养护	①定期进行清洁保养,每 2 年对室外设备进行 1 次除锈、刷漆防腐;及时处理大面积剥落的表面涂层 ②及时更换松动、磨损的轴承,及时加注润滑油 ③及时调整定转子间隙,使之均匀 ④按规定要求进行电气试验,试验结果符合国家现行规定,对不符合要求的部件及时修复或更换

续表 3.1.2-2

序号	项目名称	维修养护工作内容
5.2	操作系统维修养护	①及时修复损坏的防水防潮设施 ②及时对破损、老化的线路进行更换,对缠绕异常的线路进行整理;及时更换或增补不符合要求的绝缘电阻和接地电阻 ③定期对各类开关装置进行检查、养护和校验,紧固松动的接头和连接件,及时更换不灵敏及损坏元器件 ④及时更换损坏的指示信号灯,定期对各种仪表进行校验,对不符合要求的仪表及时修复或更换
5.3	配电设施维修养护	①清除影响变压器安全运行的树枝和杂物 ②定期检查变压器油位油质,并及时补油或换油;紧固松动接头和连接件 ③定期对柜箱内电气线路进行检查,对破损、老化线路进行更换 ④定期对各类开关、控制器、继电保护装置进行检查、养护和校验,及时修复或更换不符合要求的元器件 ⑤定期对高压电器设备进行预防性试验,及时检修或更换不满足要求的部件
5.4	输变电系统维修养护	①定期对架设线路部位进行检查,设立标志,清除障碍,修复或更换破损的线路 ②定期检查线路漏电、短路、断路、虚连现象,紧固松动接头,及时更换破损、老化线路 ③及时修复损坏的电缆沟、电缆槽,清除沟槽内积水、杂物

续表 3.1.2-2

序号	项目名称	维修养护工作内容
5.5	避雷设施维修养护	①定期检查避雷器、避雷针,及时修复或更换断裂、锈蚀、焊接不牢固的部位 ②每年校验避雷器、避雷针接地电阻,及时更换不满足规定的接地电阻
6	物料、动力消耗	指输、放水设施中的物料、动力消耗
6.1	电力消耗	维修养护用电
6.2	柴油消耗	备用发电机维修养护、调试、设备清洗、保养等用油
6.3	机油消耗	机电设备等维修养护用油
6.4	黄油消耗	机电设备等维修养护用油
三	附属设施及管理区维修养护	
1	房屋维修养护	①及时修缮管理区房屋屋顶、墙面、地面、门窗破损部位,做好屋顶、墙面防水处理 ②及时检修、更换无法正常使用的水电线路和照明设施
2	管理区维修养护	①定期对管理区绿化工程进行养护 ②及时按标准修复损坏的工作道路,疏通修复排水沟 ③及时维修和更换损坏照明设施 ④及时清理坝前杂物
3	围墙、护栏、爬梯、扶手维修养护	定期进行涂漆防锈,及时修复破损挡墙、围墙、护栏、爬梯和扶手
4	标志牌维修养护	①对各类标志牌、碑桩进行清洁并涂漆出新 ②对丢失及缺少部位进行补充

表 3.1.2-3　水库工程维修养护调整项目清单

序号	项目名称	维修养护工作内容
1	库区抢险应急设备维修养护	定期检查、清洁、保养应急设备
2	防汛物资器材维修养护	防汛抢险物料日常保洁、通风,救生器材按正常周期更新,及时保养或更新小型抢险机具及备品备件
3	通风机维修养护	定期检查、清洁、保养
4	自备发电机组维修养护	定期对柴油发电机组、空气滤清器、蓄电池、散热器、润滑机油系统、发电机控制屏等进行维修保养,及时更换损坏的零部件
5	雨水情测报、安全监测设施及信息化系统维修养护	①定期对雨量计、水位计、水尺进行清洗,检查测量仪器并校核,率定精度,更换损坏及不灵敏部件 ②定期对水准基点高程进行校测,对测压管进行校核和率定 ③定期对视频监视系统设备、大坝安全监测设施进行清洁和检查,及时排除故障,修复损坏设备及线路 ④定期对视频监视系统进行更新和升级、定期对信息安全等级进行保护测评 ⑤计算机自动控制系统维护与升级每半年进行1次 ⑥及时更换损坏硬件设备

续表 3.1.2-3

序号	项目名称	维修养护工作内容
6	防汛专用道路维修养护	①定期检查、修整路面边线;及时疏通淤塞排水沟 ②沥青道路根据破损形式和程度采用热材料或冷材料先修补基层,再修复面层,必要时需铺筑上封层或进行路面补强 ③混凝土路面裂缝和破损采用直接灌浆或扩缝补块方法修补;路面脱空和坑洞采用灌浆法进行修复;清理接缝嵌入杂物,采用适宜材料灌浆填补 ④对砂石路面进行铺砂、扫砂、匀砂养护,对破损、坑槽、车辙、破浪等进行修复
7	坝顶限宽限高拦车墩维修养护	①对限宽限高拦车墩进行清洁并涂漆出新 ②对丢失及缺少部位进行补充
8	白蚁防治	①日常检查结合工程日常管养维护工作进行,重点检查历史有蚁部位 ②定期普查由白蚁防治专业技术人员在春秋两季进行全面的检查,并及时采用药物屏障和物理屏障与非工程措施相结合进行防护 ③白蚁治理采用锥探及灌拌有药物的黏土浆或开挖回填等方法处理
9	库岸挡墙工程维修养护	主坝、副坝延伸段库岸挡墙、防浪墙(不含坝顶防浪墙)的维修养护
10	安全鉴定	①定期组织大坝安全鉴定工作 ②委托鉴定承担单位进行大坝安全评价工作,包括必要的混凝土及金属结构检测、启闭机及闸门设备评级等 ③组织现场安全检查

续表 3.1.2-3

序号	项目名称	维修养护工作内容
11	引水坝及引水渠维修养护	指有外引面积的水库引水坝及引水渠维修养护，引水坝参照灌区工程滚水坝维修养护、引水渠参照灌区工程渠道维修养护

3.2 水闸工程维修养护项目

3.2.1 水闸工程维修养护项目构成

水闸工程维修养护项目包括维修养护基本项目和维修养护调整项目。

(1)水闸工程维修养护基本项目包括:水闸建筑物维修养护,闸门维修养护,启闭机维修养护,机电设备维修养护,附属设施维修养护,物料、动力消耗,闸室清淤,水面杂物清理。

(2)水闸工程维修养护调整项目包括:工作门启闭机配件更换,自备发电机组维修养护,机电设备配件更换,雨水情测报、安全监测设施及信息化系统维修养护,防汛物资维修养护,启闭机及闸门安全检测与评级,白蚁防治,安全鉴定等。

3.2.2 水闸工程维修养护项目清单

水闸工程维修养护项目清单按表 3.2.2-1、表 3.2.2-2 执行。

表 3.2.2-1 水闸工程维修养护基本项目清单

序号	项目名称	维修养护工作内容
一	水闸建筑物维修养护	

续表 3.2.2-1

序号	项目名称	维修养护工作内容
1	土工建筑物维修养护	①及时对墙后沉陷区域进行补土修整并夯实 ②及时对雨淋沟及浪窝进行补土修复 ③产生明显裂缝和滑坡现象时,采取人工和机械开挖回填处理
2	砌石勾缝修补	①定期对护坡、翼墙上杂草进行人工清除 ②对浆砌块石护坡勾缝局部脱落,重新进行砂浆勾补,对表面破损重新进行砂浆抹面
3	砌石翻修	①出现沉陷、底部淘空和垫层散失现象,进行局部拆除翻修并按原状修复 ②墙身发生倾斜或滑动迹象时,可采用墙后减载和墙前加墩等方法,墙身渗漏严重的可采用灌浆处理,墙基出现冒水冒沙现象可采用墙后降低地下水位和墙前增设反滤设施等方法处理
4	防冲设施抛石处理	根据河床变形观测成果,对损坏严重部位采取水上抛石或抛石笼的方式进行修复
5	反滤排水设施维修养护	①定期人工清理疏通淤堵反滤排水设施 ②发生损毁现象按原标准要求及时修复
6	混凝土结构表面裂缝、破损、侵蚀及碳化处理	①混凝土细微表面裂缝可采取涂料封闭进行修补,裂缝宽度较大的可采用表面粘贴片材或玻璃丝布、开槽充填弹性树脂基砂浆或弹性嵌缝材料 ②混凝土结构脱壳、剥落和机械损坏时,可采用水泥砂浆表面抹补、喷涂,细石混凝土或环氧类材料填充等措施进行修补 ③保护层侵蚀或碳化时,可采用涂料封闭、抹面或喷浆等措施进行处理
7	伸缩缝、止水设施维修养护	①及时对伸缩缝填充料老化脱落、缺失部位进行更换和充填 ②对止水损坏部位进行凿除,重新更换止水材料

续表 3.2.2-1

序号	项目名称	维修养护工作内容
二	闸门维修养护	
1	工作闸门防腐处理	①清除闸门杂物 ②紧固、补配松动或丢失构件 ③矫正小局部变形 ④补焊开裂焊缝 ⑤闸门出现局部锈斑、针状锈迹时,应及时补涂涂料 ⑥涂层普遍出现剥落、鼓泡、龟裂、粉化等老化现象时,应全部重做防腐涂层
2	闸门行走支承装置维修养护	闸门行走支承装置的零部件出现变形、磨损等现象时,应予更换
3	工作闸门止水更换	①当止水橡皮出现磨损、变形或自然老化、失去弹性且漏水量超过规定时,应予更换 ②止水压板严重锈蚀时应更换,压板螺栓、螺母不齐全时应补全 ③止水木腐蚀损坏时,应予更换
4	闸门埋件维修养护	①埋件破损面积超过30%时,全部更换 ②埋件局部变形、脱落的,局部更换 ③出现蚀坑时,可涂刷材料整平
5	检修门维修养护	①紧固、补配松动或丢失构件 ②矫正小局部变形 ③补焊开裂焊缝 ④闸门出现局部锈斑、针状锈迹时,应及时补涂涂料 ⑤涂层普遍出现剥落、鼓泡、龟裂、粉化等老化现象时,应全部重做防腐涂层

续表 3.2.2-1

序号	项目名称	维修养护工作内容
三	启闭机维修养护	
1	机体表面防腐处理	①定期对机体进行保洁,每2年进行1次涂漆保护 ②定期进行润滑,紧固各松动零件,并更换变形、磨损零部件
2	钢丝绳维修养护	①钢丝绳每月清洁1次,定期刷油更新;及时更换断丝、磨损、腐蚀严重的钢丝绳,及时处理钢丝绳扭结、松股现象 ②双吊点启闭机钢丝绳两吊轴高差超标时,应及时调整 ③钢丝绳断丝数、直径、拉力超过允许值时宜更换
3	传(制)动系统维修养护	按相关规程标准定期保养,发现损坏及时修复或更换
4	检修门启闭机维修养护	①定期对机体进行保洁,每2年进行1次涂漆保护 ②定期对传动装置加油设施进行清洗、注油润滑,紧固各松动零件,更换变形、磨损零部件
四	机电设备维修养护	
1	电动机维修养护	按相关规程标准定期保养,发现损坏、老化部件及时修复
2	操作设备维修养护	按相关规程标准定期保养,发现损坏及时修复或更换
3	变、配电设施维修养护	按相关规程标准定期保养,发现损坏及时修复或更换

续表 3.2.2-1

序号	项目名称	维修养护工作内容
4	输电系统维修养护	线路检查,发现损坏及时修复或更换
5	避雷设施维修养护	①定期检查避雷器、避雷针,及时修复或更换断裂、锈蚀、焊接不牢固的部位 ②每年校验避雷器、避雷针接地电阻,及时更换不满足规定的接地电阻
五	附属设施维修养护	
1	检修桥、工作桥维修养护	①可采用环氧砂浆等涂料进行混凝土表面封闭防腐保护 ②栏杆维修养护及更换
2	启闭机房维修养护	①每周对房屋进行保洁和整理 ②修缮房屋损坏墙、地、门、窗 ③及时检修、更换无法正常使用的水电线路和照明设施
3	管理区房屋维修养护	①及时修缮管理区房屋屋顶、墙面、地面、门窗破损部位,做好屋顶、墙面防水处理 ②及时检修、更换无法正常使用的水电线路和照明设施
4	管理区维修养护	①定期对管理区绿化工程进行养护 ②及时按标准修复损坏的工作道路,疏通修复排水沟 ③及时维修和更换损坏照明设施
5	围墙护栏维修养护	定期进行擦拭、涂漆防锈,及时修复或更换破损的围墙护栏
6	标志牌维修养护	①对各类标志牌、碑桩进行清洁并涂漆出新 ②对丢失及缺少部位进行补充
六	物料、动力消耗	
1	电力消耗	维修养护用电
2	柴油消耗	备用发电机维修养护、调试、设备清洗、保养等用油

续表 3.2.2-1

序号	项目名称	维修养护工作内容
3	机油消耗	机电设备等维修养护用油
4	黄油消耗	机电设备等维修养护用油
七	闸室清淤	采用水力冲挖和开闸冲淤的方式进行清理
八	水面杂物清理	适时采用人工和机械进行清理

表 3.2.2-2 水闸工程维修养护调整项目清单

序号	项目名称	维修养护工作内容
1	工作门启闭机配件更换	及时更换工作门启闭机各部位损坏、变形、磨损严重的零配件
2	自备发电机组维修养护	①定期对柴油发电机组、空气滤清器、蓄电池、散热器、润滑机油系统、发电机控制屏等进行维修保养 ②对损坏零部件及时进行更换
3	机电设备配件更换	配件购买、运输、保管、安装、调试等
4	雨水情测报、安全监测设施及信息化系统维修养护	①定期对雨量计、水位计、水尺进行清洗,检查测量仪器并校核,率定精度,更换损坏及不灵敏部件 ②定期对水准基点高程进行校测,对测压管进行校核和率定 ③定期对视频监视系统设备、水闸安全监测设施进行清洁和检查,及时排除故障,修复损坏设备及线路 ④定期对视频监视系统进行更新和升级,定期对信息安全等级进行保护测评 ⑤计算机自动控制系统维护与升级每半年进行1次 ⑥及时更换损坏硬件设备

续表 3.2.2-2

序号	项目名称	维修养护工作内容
5	防汛物资维修养护	①定期对防汛道路进行检查,保持畅通 ②检查、维修损坏的抢险设备 ③备足防汛物资,及时进行过期或失效物资的更换
6	启闭机及闸门安全检测与评级	①主要包括构件的损伤、变形、磨损、表面裂纹、缺件及腐蚀状况等检测,并按规定出具有相应检测资质单位的检测报告等 ②依据现行水闸、启闭机评定标准对启闭机及闸门进行评价
7	白蚁防治	①日常检查结合工程日常管养维护工作进行,重点检查历史有蚁部位 ②定期普查由白蚁防治专业技术人员在春秋两季进行全面的检查,并及时采用药物屏障和物理屏障与非工程措施相结合进行防护 ③白蚁治理采用锥探及灌拌有药物的黏土浆或开挖回填等方法处理
8	安全鉴定	①水闸竣工验收后 5 年内进行第一次安全鉴定,以后每隔 10 年进行一次安全鉴定 ②运行中遭遇超标准洪水或工程重大事故后,检查发现存在影响安全的异常现象,及时进行安全鉴定 ③闸门等单项工程达到折旧年限,适时进行单项安全鉴定

3.3 堤防工程维修养护项目

3.3.1 堤防工程维修养护项目构成

堤防工程维修养护项目包括维修养护基本项目和维修养护调整项目。

(1)堤防工程维修养护基本项目包括:堤顶维修养护,堤坡维修养护,附属设施维修养护。

(2)堤防工程维修养护调整项目包括:前后戗堤维修养护,减压井及排渗工程维修养护,护堤林带养护,防洪墙维修养护,抛石护岸整修,排水沟维修养护,护堤地界埂整修,穿堤涵闸工程维修养护,泵站工程维修养护,白蚁防治,亲水平台维修养护,堤防隐患探测,堤面保洁,防汛物资维修养护,雨水情测报、安全监测设施及信息化系统维修养护。

堤防工程范围内的泵站及水闸工程根据工程所属管理单位确定是否单列。

3.3.2 堤防工程维修养护项目清单

堤防工程维修养护项目清单按表 3.3.2-1、表 3.3.2-2 执行。

表 3.3.2-1 堤防工程维修养护基本项目清单

序号	项目名称	维修养护工作内容
一	堤顶维修养护	
1	堤肩土方养护修整	①定期清理、平整堤肩 ②对缺陷、受损堤肩,进行人工补土、整平、压实,按原设计标准恢复

续表 3.3.2-1

序号	项目名称	维修养护工作内容
2	堤顶路面维修养护	①砂石(泥结石)路面对保护层进行铺砂、扫砂、匀砂养护,对磨耗层破损、坑槽、车辙、破浪等病害进行修复 ②沥青道路根据破损形式和程度采用热材料或冷材料先修补基层,再修复面层,必要时需铺筑上封层或进行路面补强 ③混凝土(水泥)路面采用直接灌浆或扩缝补块方法对路面裂缝和破损进行修补,路面脱空和坑洞采用灌浆法进行修复,接缝修复清理嵌入杂物,采用适宜材料灌缝填补
3	防浪墙维修养护	①及时对墙体表面脱落进行修复,保持美观 ②根据损坏情况,采取表面处理和翻修相结合的方式,按原状修复 ③及时对填充料缺失部位进行填补,对损坏部位进行局部拆除修复
二	堤坡维修养护	
1	堤坡土方养护修整	对有局部缺损、滑坡和雨淋沟的堤坡采用机械或人工方式进行修复,外运符合要求土料,分层回填夯实并整平,同时恢复坡面护坡工程
2	上、下堤道路路面维修养护	①砂石(泥结石)路面对保护层进行铺砂、扫砂、匀砂养护,对磨耗层破损、坑槽、车辙、破浪等病害进行修复 ②沥青道路根据破损形式和程度采用热材料或冷材料先修补基层,再修复面层,必要时需铺筑上封层或进行路面补强 ③混凝土(水泥)路面采用直接灌浆或扩缝补块方法对路面裂缝和破损进行修补,路面脱空和坑洞采用灌浆法进行修复,接缝修复清理嵌入杂物,采用适宜材料灌缝填补

续表 3.3.2-1

序号	项目名称	维修养护工作内容
3	迎水侧护坡维修养护	凿除破碎、断裂砌块,采用 C25 混凝土浇筑处理,当沉陷、淘空时应拆除面层,修复土体和垫层并恢复坡面,定期疏通、修复淤塞和损坏的排水孔
4	背水侧护坡维修养护	
4.1	草皮护坡养护	①及时采用人工或机械方法清除高秆植物、杂草等 ②适时进行修剪,保持美观 ③根据需要适时进行浇水、施肥和防虫
4.2	草皮补植	及时选择适宜品种进行枯死、损毁或冲刷流失草皮的补植
5	堤脚干砌块石翻修	清理原坡面,自下而上错缝压砌,补足垫层料,垃圾清运等
三	附属设施维修养护	
1	房屋维修养护	①及时修缮管理区房屋屋顶、墙面、地面、门窗破损部位,做好屋顶、墙面防水处理 ②及时检修、更换无法正常使用的水电线路和照明设施
2	管理区维修养护	①定期对管理区绿化工程进行养护 ②及时按标准修复损坏的工作道路,疏通修复排水沟 ③及时维修和更换损坏照明设施
3	围墙护栏维修养护	定期进行擦拭、涂漆防锈,及时修复或更换破损的围墙护栏

续表 3.3.2-1

序号	项目名称	维修养护工作内容
4	标志牌维修养护	①对各类标志牌、碑桩进行清洁并涂漆出新 ②对丢失及缺少部位进行补充
5	限高限速拦车墩维修养护	①对限高限速拦车墩进行清洁并涂漆出新 ②对丢失及缺少部位进行补充

表 3.3.2-2　堤防工程维修养护调整项目清单

序号	项目名称	维修养护工作内容
1	前后戗堤维修养护	采用机械或人工方式对局部缺损、滑坡和雨淋沟进行修复,外运符合要求土料,分层回填夯实并整平
2	减压井及排渗工程维修养护	①对损坏防渗、反滤体或保护层采用相同材料修复,并恢复原结构 ②对排渗功能不满足要求的减压井进行“洗井”处理 ③修复更换无法正常使用的测压管
3	护堤林带养护	①定期修枝、除草、松土、浇水、施肥、病虫害防治和涂白 ②及时补植缺损林木并更新林木
4	防洪墙维修养护	①结构表面的混凝土细微表面裂缝可采取涂料封闭进行修补;混凝土结构脱壳、剥落和机械损坏时可采用砂浆抹补、喷浆等措施进行修补;保护层侵蚀或碳化时可采用涂料封闭、砂浆抹面或喷浆等措施进行处理 ②及时对伸缩缝填充料缺失部位进行填补,对损坏部位进行局部拆除修复

续表 3.3.2-2

序号	项目名称	维修养护工作内容
5	抛石护岸整修	在枯水季节,对出露的抛石护岸进行人工翻修、填补、整平
6	排水沟维修养护	①清除沟内杂物,疏通排水设施 ②对破损的排水沟进行修复
7	护堤地界埂整修	修复残缺界埂,护堤地边界明确
8	穿堤涵闸工程维修养护	参照水闸工程维修养护定额标准执行
9	泵站工程维修养护	参照泵站工程维修养护定额标准执行
10	白蚁防治	①日常检查结合工程日常管养维护工作进行,重点检查历史有蚁部位 ②定期普查由白蚁防治专业技术人员在春秋两季进行全面的检查,并及时采用药物屏障和物理屏障与非工程措施相结合进行防护 ③白蚁治理采用锥探及灌拌有药物的黏土浆或开挖回填等方法处理
11	亲水平台维修养护	日常保养,及时修复或更换破损的亲水平台
12	堤防隐患探测	①根据探测堤防特点选择合理使用范围和条件的探测方法 ②先普查探测堤防隐患分布情况,再详查隐患分布堤段,详查堤段不小于普查堤段的20%
13	堤面保洁	采用人工或机械进行垃圾清扫、运输、处置等
14	防汛物资维修养护	①定期对防汛道路进行检查,保持畅通 ②检查、维修损坏的抢险设备 ③备足防汛物资,及时进行过期或失效物资的更换

续表 3.3.2-2

序号	项目名称	维修养护工作内容
15	雨水情测报、安全监测设施及信息化系统维修养护	①定期对雨量计、水位计、水尺进行清洗,检查测量仪器并校核,率定精度,更换损坏及不灵敏部件 ②定期对水准基点高程进行校测,对测压管进行校核和率定 ③定期对视频监视系统设备、安全监测设施进行清洁和检查,及时排除故障,修复损坏设备及线路 ④定期对视频监视系统进行更新和升级,定期对信息安全等级进行保护测评 ⑤计算机自动控制系统维护与升级每半年进行1次 ⑥及时更换损坏硬件设备

3.4 泵站工程维修养护项目

3.4.1 泵站工程维修养护项目构成

泵站工程维修养护项目包括维修养护基本项目和维修养护调整项目。

(1)泵站工程维修养护基本项目包括:机电设备维修养护,辅助设备维修养护,泵站建筑物维修养护,附属设施维修养护,物料、动力消耗,水面杂物清理等。

(2)泵站工程维修养护调整项目包括:自备发电机组维修养护,机电设备配件更换,辅助设备配件更换,雨水情测报、安全监测设施及信息化系统维修养护,引水管道工程维修养护,进水闸、检修闸工程维修养护,泵站建筑物及设备等级评定,白蚁防治,安全鉴定等。

3.4.2 泵站工程维修养护项目清单

泵站工程维修养护项目清单按表3.4.2-1和表3.4.2-2执行。

表3.4.2-1 泵站工程维修养护基本项目清单

序号	项目名称	维修养护工作内容
一	机电设备维修养护	
1	主机组维修养护	①定期检查机组技术状况,进行清洁保养和涂漆防腐 ②检修调整不符合要求零部件,更换锈蚀老化严重部件 ③主机组每1~2年或者运行2 000 h进行一次小修[大修参照《泵站技术管理规程》(GB/T 30948)相关规定执行] ④按规定要求进行电气试验
2	输变电系统维修养护	①定期对架设线路部位进行检查,设立标志,清除障碍,清理并修复损坏电缆沟、电缆槽 ②定期对母线及瓷瓶进行清洁保养,检查短路、漏电现象,紧固松动接头,更换破损、老化线路 ③电缆及母线检修、试验频次按有关规定执行 ④每月对变电设备进行清洁保养 ⑤定期检查调整不符合要求部件,更换损坏老化部件 ⑥按规定要求进行电气试验 ⑦变压器每年进行一次小修[大修参照《泵站技术管理规程》(GB/T 30948)相关规定执行]

续表 3.4.2-1

序号	项目名称	维修养护工作内容
3	操作设备维修养护	①每月对高压油开关及高压开关柜、励磁装置、控制保护系统、直流系统及其他控制设备进行清洁保养 ②定期检查调整不符合要求部件,更换损坏老化部件 ③励磁设备每年检修一次 ④直流设备每2年检修一次 ⑤按规定要求进行电气试验 ⑥小修每年进行一次[大修参照《泵站技术管理规程》(GB/T 30948)相关规定执行]
4	配电设备维修养护	①每月对控制盘、配电盘、低压配电柜等进行清洁保养 ②定期检查调整不符合要求部件,更换损坏老化部件 ③按规定要求进行电气试验 ④小修每年进行一次[大修参照《泵站技术管理规程》(GB/T 30948)相关规定执行]
5	避雷设施维修养护	每年对防雷与接地装置进行检测,更换失效部件
二	辅助设备维修养护	
1	油、气、水系统维修养护	①定期对油、气、水管道接头进行检查,发现漏油、漏气、漏水现象应及时处理,并定期涂漆防锈 ②定期对油、气、水系统中的机电设备和控制装置进行清洁保养,发现缺陷及时修理或更换

续表 3.4.2-1

序号	项目名称	维修养护工作内容
2	起重设备 维修养护	①定期对起重设备进行检查和润滑 ②定期检查调整不符合要求部件,更换损坏老化部件 ③检修中拆换主要支承部件或提升部件后,重做静负荷试验和动负荷试验 ④起重电机按规定要求进行电气试验
3	拍门、拦污栅等 维修养护	①定期对拍门、启闭机、拦污栅、清污机等进行清洁保养 ②定期对相应金属结构做防腐处理,及时更换损坏部位 ③清污机定期启动进行保养性运转
三	泵站建筑物 维修养护	
1	泵房维修养护	①每周对房屋进行保洁和整理 ②修缮房屋损坏墙、地、门、窗 ③及时检修、更换无法正常使用的水电线路和照明设施 ④进出水流道采取填充法和灌浆法对侵蚀损坏部位进行修补;工作层及厂房结构可采取涂料封闭、砂浆抹补、喷浆和喷混凝土等措施对表面损伤部位进行修复;采用填充法或灌浆法处理渗水现象
2	进、出水池(渠) 维修养护	①采取表面处理和翻修相结合的方式,对砌体工程按原状修复,并定期人工清除表面杂草 ②及时修复和疏通损坏和堵塞的防渗及反滤设施

续表 3.4.2-1

序号	项目名称	维修养护工作内容
3	进、出水池(渠)清淤	对淤积严重部位采取水力冲挖或机械开挖的方式进行清理
四	附属设施维修养护	
1	管理房屋维修养护	①及时修缮管理区房屋屋顶、墙面、地面、门窗破损部位,做好屋顶、墙面防水处理 ②及时检修、更换无法正常使用的水电线路和照明设施
2	管理区维修养护	①定期对管理区绿化工程进行养护 ②及时按标准修复损坏的工作道路,疏通修复排水沟 ③及时维修和更换损坏照明设施
3	围墙护栏维修养护	定期进行擦拭、涂漆防锈,及时修复或更换破损的围墙护栏
4	标志牌维修养护	①对各类标志牌、碑桩进行清洁并涂漆出新 ②对丢失及缺少部位进行补充
五	物料、动力消耗	
1	电力消耗	维修养护用电
2	柴油消耗	备用发电机维修养护、调试、设备清洗、保养等用油
3	机油消耗	机电设备等维修养护用油
4	黄油消耗	机电设备等维修养护用油
5	轴承油	机电设备等维修养护、轴承用油
6	密封填料	水泵维修养护密封填料
六	水面杂物清理	适时采用人工和机械进行清理

表 3.4.2-2　泵站工程维修养护调整项目清单

序号	项目名称	维修养护工作内容
1	自备发电机组维修养护	①定期对柴油发电机组、空气滤清器、蓄电池、散热器、润滑机油系统、发电机控制屏等进行维修保养 ②对损坏零部件及时进行更换
2	机电设备配件更换	①及时更换各设备损坏、磨损严重、不符合要求的配件零件 ②定期对检修专用工器具进行保养和维护
3	辅助设备配件更换	①及时更换各设备损坏、磨损严重、不符合要求的配件零件 ②定期对检修专用工器具进行保养和维护
4	雨水情测报、安全监测设施及信息化系统维修养护	①计算机自动控制系统维护与升级每半年进行1次 ②及时更换损坏硬件设备 ③定期对视频监视系统设备、安全监测设施进行清洁和检查,及时排除故障,修复损坏设备及线路 ④定期对视频监视系统进行更新和升级,定期对信息安全等级进行保护测评 ⑤定期对水准基点高程进行校测,对测压管进行校核和率定 ⑥定期对雨量计、水位计、水尺等进行清洗,检查测量仪器并校核,率定精度,更换损坏及不灵敏部件
5	引水管道工程维修养护	对引水管道工程进行日常检测、维护,破损件修复、更换及抢修

续表 3.4.2-2

序号	项目名称	维修养护工作内容
6	进水闸、检修闸工程维修养护	参照水闸工程维修养护定额标准执行(只考虑属于水闸部分的闸门维修养护和启闭机维修养护)
7	泵站建筑物及设备等级评定	①按规定要求每年对泵站各类建筑物进行等级评定 ②按规定要求每年对泵站的各类设备和金属结构进行等级评定
8	白蚁防治	①日常检查结合工程日常管养维护工作进行,重点检查历史有蚁部位 ②定期普查由白蚁防治专业技术人员在春秋两季进行全面的检查,并及时采用药物屏障和物理屏障与非工程措施相结合进行防护 ③白蚁治理采用锥探及灌拌有药物的黏土浆或开挖回填等方法处理
9	安全鉴定	①竣工验收后5年内进行第一次安全鉴定,以后每隔10年进行一次安全鉴定 ②运行中遭遇超标准洪水、工程重大事故检查发现影响安全的异常现象,及时进行安全鉴定 ③单项工程达折旧年限,适时进行单项安全鉴定

3.5 灌区工程维修养护项目

3.5.1 灌区工程维修养护项目构成

灌区工程维修养护项目包括维修养护基本项目和维修养护调整项

目两项。

(1)灌区工程维修养护基本项目包括:灌排渠沟工程维修养护、灌排建筑物维修养护[主要包括渡槽工程,倒虹吸工程,涵(隧)洞工程,管道工程,滚水坝工程,橡胶坝工程,跌水、陡坡]、附属设施及管理区维修养护、绿化保洁维修养护等。

(2)灌区工程维修养护调整项目包括:导渗及排水工程维修养护,护渠林(地)维修养护,橡胶坝金结、机电及控制设备维修养护,生产桥维修养护,人行桥维修养护,雨水情测报、安全监测设施及信息化系统维修养护,围墙护栏维修养护,格栅清污机维修养护,限宽限高拦车墩维修养护,安全护栏维修养护,材料二次转运,渠下涵及放水涵维修养护,白蚁防治,灌区涵闸工程维修养护,灌区泵站工程维修养护等。

3.5.2 灌区工程维修养护项目清单

灌区工程维修养护项目清单按表 3.5.2-1、表 3.5.2-2 执行。

表 3.5.2-1 灌区工程维修养护基本项目清单

序号	项目名称	维修养护工作内容
一	灌排渠沟工程维修养护	
1	渠(沟)顶维修养护	
1.1	渠(沟)顶土方维修养护	对缺陷、受损渠(沟)顶,进行人工或机械土方开挖、清基、刨毛、洒水、补土、整平、压实,按原设计标准恢复

续表 3.5.2-1

序号	项目名称	维修养护工作内容
1.2	渠(沟)顶道路维修养护	①路面用泥结石或砂土整平 ②沥青道路根据破损形式和程度采用热材料或冷材料先修补基层,再修复面层,必要时需铺筑上封层或进行路面补强 ③混凝土路面采用直接灌浆或扩缝补块方法对路面裂缝和破损进行修补,路面脱空和坑洞采用灌浆法进行修复,接缝修复清理嵌入杂物,采用适宜材料灌缝填补 ④砂石路面对保护层进行铺砂、扫砂、匀砂养护,对磨耗层破损、坑槽、车辙等病害进行修复 ⑤更换的路缘石与原路缘石规格材质相一致,疏通淤塞排水沟
2	渠(沟)边坡维修养护	
2.1	渠(沟)边坡土方维修养护	采用机械或人工方式对局部缺损、滑坡和雨淋沟进行修复,外运土料符合要求,分层回填夯实并整平,同时恢复坡面护坡工程
2.2	渠(沟)防渗工程维修养护	①定期人工对护坡表面杂草进行清除 ②硬护坡修复:对损坏部位进行拆除,按原标准修复 ③土料防渗:对原材料进行运输、粉碎、筛分、配比、拌和,分层铺料夯实 ④砌石防渗补浆勾缝:若破损严重,先对原有防渗体拆除,重新砌筑 ⑤膜料防渗:根据破损范围和渠道形式采用合理方式进行修复,并恢复表面保护层 ⑥沥青混凝土和混凝土防渗:对破损部位拆除,立膜、拌和、浇筑

续表 3.5.2-1

序号	项目名称	维修养护工作内容
2.3	表面杂草清理	及时采用人工或机械方法清除杂草
3	渠沟清淤	对淤塞严重的渠道通过人工、机械或水力冲挖方式进行清理
4	水生生物清理	适时人工或机械挖除水草及水生生物
二	灌排建筑物维修养护	
1	渡槽工程维修养护	
1.1	进出口段及槽台维修养护	①对塌陷、流失部位进行机械或人工开挖、清理、补土、填平并夯实 ②对损坏部位砌石工程进行表面补浆处理或局部拆除翻修
1.2	混凝土结构表面裂缝、破损、侵蚀处理	①槽身及排架混凝土细微表面裂缝可采取涂料封闭进行修补 ②混凝土结构脱壳、剥落和机械损坏时,可采取砂浆抹补、喷浆等措施进行修补 ③保护层侵蚀或碳化时,可采取涂料封闭、砂浆抹面或喷浆等措施进行处理
1.3	伸缩缝维修养护	及时对填充料缺失部位进行填补,对损坏部位进行局部拆除修复
1.4	护栏维修养护	①定期进行涂漆防腐保护 ②对侵蚀严重及破损护栏进行更换
1.5	渡槽清淤	用人工清淤或水力冲淤
2	倒虹吸工程维修养护	

续表 3.5.2-1

序号	项目名称	维修养护工作内容
2.1	进出口段维修养护	①对塌陷、流失部位进行机械或人工开挖、清理、补土、填平并夯实 ②对损坏部位砌石工程进行表面补浆处理或局部拆除翻修
2.2	混凝土结构表面裂缝、破损、侵蚀处理	①混凝土细微表面裂缝可采取涂料封闭进行修补 ②混凝土结构脱壳、剥落和机械损坏时，可采取砂浆抹补、喷浆等措施进行修补 ③保护层侵蚀或碳化时，可采取涂料封闭、砂浆抹面或喷浆等措施进行处理
2.3	伸缩缝维修养护	及时对填充料缺失部位进行填补，对损坏部位进行局部拆除修复
2.4	拦污栅维修养护	①定期进行涂漆防腐保护 ②对侵蚀严重及破损拦污栅进行更换
2.5	倒虹吸清淤	采用人工或水力冲挖方式对淤堵严重部位进行疏通
3	涵(隧)洞工程维修养护	
3.1	进出口段维修养护	①对塌陷、流失部位进行机械或人工开挖、清理、补土、填平并夯实 ②对损坏部位砌石工程进行表面补浆处理或局部拆除翻修
3.2	混凝土或砌石结构表面裂缝、破损、侵蚀处理	①混凝土细微表面裂缝可采取涂料封闭进行修补 ②混凝土结构脱壳、剥落和机械损坏时，可采取砂浆抹补、喷浆等措施进行修补 ③保护层侵蚀或碳化时，可采取涂料封闭、砂浆抹面或喷浆等措施进行处理

续表 3.5.2-1

序号	项目名称	维修养护工作内容
3.3	伸缩缝维修养护	及时对填充料缺失部位进行填补,对损坏部位进行局部拆除修复
3.4	拦污栅维修养护	①定期进行涂漆防腐保护 ②对侵蚀严重及破损拦污栅进行更换
3.5	涵(隧)洞工程清淤	采用人工或水力冲挖方式对淤堵严重部位进行疏通
4	管道工程维修养护	
4.1	进出口段维修养护	①对塌陷、流失部位进行机械或人工开挖、清理、补土、填平并夯实 ②对损坏部位砌石工程进行表面补浆处理或局部拆除翻修
4.2	管网维修养护	①管道破损修补 ②管道局部损坏更换(熔接)
4.3	连接接头维修养护	管道快速接头连接更换
4.4	附属件维修养护	对管道其他配件定期进行涂漆防腐保护
4.5	管道清淤	采用人工或水力冲挖方式对淤堵严重部位进行疏通
5	滚水坝工程维修养护	
5.1	结构表面裂缝、破损、侵蚀及碳化处理	①混凝土细微表面裂缝可采取涂料封闭进行修补 ②混凝土结构脱壳、剥落和机械损坏时,可采取砂浆抹补、喷浆等措施进行修补 ③保护层侵蚀或碳化时,可采取涂料封闭、砂浆抹面或喷浆等措施进行处理

续表3.5.2-1

序号	项目名称	维修养护工作内容
5.2	伸缩缝维修养护	及时对填充料缺失部位进行填补,对损坏部位进行局部拆除修复
5.3	消能防冲设施维修养护	采用填充法对侵蚀或破损消能防冲工程进行修复
5.4	反滤及排水设施维修养护	①定期人工清理疏通淤堵反滤排水设施 ②发生损毁现象按原标准要求及时修复
6	橡胶坝工程维修养护	
6.1	橡胶袋维修养护	①对侵蚀和磨损部位进行表面加固和修补 ②对老化严重和破损部位进行更换
6.2	底板、护坡及岸、翼墙混凝土或砌石维修养护	①混凝土工程根据损坏现象采用表面处理法、填充法或灌浆法进行修补 ②砌石工程采用表面补浆处理或局部拆除翻修方式进行修复
6.3	消能防冲设施破损修补	采用填充法对侵蚀或破损消能防冲工程进行修复
7	跌水、陡坡维修养护	①采用填充法对侵蚀或破损消能防冲工程进行修复 ②及时对填充料缺失部位进行填补,对损坏部位进行局部拆除修复
三	附属设施及管理区维修养护	
1	房屋维修养护	①及时修缮管理区房屋屋顶、墙面、地面、门窗破损部位,做好屋顶、墙面防水处理 ②及时检修、更换无法正常使用的水电线路和照明设施

续表 3.5.2-1

序号	项目名称	维修养护工作内容
2	管理区维修养护	①定期对管理区绿化工程进行养护 ②及时按标准修复损坏的工作道路，疏通修复排水沟 ③及时维修和更换损坏照明设施
3	标志牌维修养护	①对各类标志牌、碑桩进行清洁并涂漆出新 ②对丢失及缺少部位进行补充
四	绿化保洁维修养护	
1	草皮养护	①及时采用人工或机械方法清除高秆植物、杂草等 ②适时进行修剪，保持美观 ③根据需要适时进行浇水、施肥和防虫
2	草皮补植	及时选择适宜品种进行枯死、损毁或冲刷流失草皮的补植
3	水面保洁	用人工或机械打捞水面漂浮物

表 3.5.2-2　灌区工程维修养护调整项目清单

序号	项目名称	维修养护工作内容
1	导渗及排水工程维修养护	①定期对淤堵部位进行疏通 ②及时对损坏部位进行修复
2	护渠林（地）维修养护	①疏通淤堵界沟，修复残缺界埂，对坑洼部位进行填土平整 ②定期修枝、除草、松土、浇水、施肥、病虫害防治和涂白，并对缺损林木及时补植和更新
3	橡胶坝金结、机电及控制设备维修养护	①定期对设备进行保洁、保养 ②调试仪器仪表，更换损坏部件

续表 3.5.2-2

序号	项目名称	维修养护工作内容
4	生产桥维修养护	①沥青道路根据破损形式和程度采用热材料或冷材料先修补基层,再修复面层,必要时需铺筑上封层或进行路面补强 ②混凝土路面采用直接灌浆或扩缝补块方法对路面裂缝和破损进行修补,路面脱空和坑洞采用灌浆法进行修复,接缝修复清理嵌入杂物,采用适宜材料灌缝填补 ③更换的路缘石与原路缘石规格材质相一致,疏通淤塞排水沟 ④对塌陷、流失部位进行机械或人工开挖、清理、补土、填平、夯实并修复路面 ⑤对桥台破损部位采用表面处理法进行修补 ⑥定期进行涂漆防腐保护 ⑦对侵蚀严重及破损护栏进行更换
5	人行桥维修养护	①沥青道路根据破损形式和程度采用热材料或冷材料先修补基层,再修复面层,必要时需铺筑上封层或进行路面补强 ②混凝土路面采用直接灌浆或扩缝补块方法对路面裂缝和破损进行修补,路面脱空和坑洞采用灌浆法进行修复,接缝修复清理嵌入杂物,采用适宜材料灌缝填补 ③更换的路缘石与原路缘石规格材质相一致,疏通淤塞排水沟 ④对塌陷、流失部位进行机械或人工开挖、清理、补土、填平、夯实并修复路面 ⑤对桥台破损部位采用表面处理法进行修补 ⑥定期进行涂漆防腐保护 ⑦对侵蚀严重及破损护栏进行更换

续表 3.5.2-2

序号	项目名称	维修养护工作内容
6	雨水情测报、安全监测设施及信息化系统维修养护	①量水维修养护:检查仪器并校核,率定精度,更换损坏及不灵敏部件 ②监视、监控及通信系统维修养护:定期对设备进行清洁和检查,及时排除故障,修复损坏设备及线路;定期对软件系统进行维护;定期检查通信设备,更换破损、老化线路;定期对避雷设施进行检测 ③运行管理平台:保证基本运行的通信费用,检修线路通畅 ④渠沟及建筑物观测、监测:每年灌溉期或汛期前后进行位移、滑坡、渗漏观测,并对资料进行整理分析 ⑤计算机自动控制系统维护与升级每半年进行1次 ⑥及时更换损坏硬件设备
7	围墙护栏维修养护	定期进行擦拭、涂漆防锈,及时修复或更换破损的围墙护栏
8	格栅清污机维修养护	用人工或机械清理污物,用黄油打蜡润滑,用油漆保洁美化防锈
9	限宽限高拦车墩维修养护	①对限宽限高拦车墩进行清洁并涂漆出新 ②对丢失及缺少部位进行补充
10	安全护栏维修养护	对渠道巡渠道路安全护栏、倒虹吸进出口安全护栏进行日常保养,及时修复或更换破损护栏
11	材料二次转运	对于坡度陡、道路长的山区地区,在维修养护实施时材料需要进行二次转运的

续表 3.5.2-2

序号	项目名称	维修养护工作内容
12	渠下涵及放水涵维修养护	①定期对渠下涵及放水涵进行检查,保持畅通 ②涵洞清淤 ③涵洞破损部分修补养护
13	白蚁防治	①日常检查结合工程日常管养维护工作进行,重点检查历史有蚁部位 ②定期普查由白蚁防治专业技术人员在春秋两季进行全面的检查,并及时采用药物屏障和物理屏障与非工程措施相结合进行防护 ③白蚁治理采用锥探及灌拌有药物的黏土浆或开挖回填等方法处理
14	灌区涵闸工程维修养护	参照水闸工程维修养护定额标准执行
15	灌区泵站工程维修养护	参照泵站工程维修养护定额标准执行

3.6 水文监测工程维修养护项目

3.6.1 水文监测工程维修养护项目构成

水文监测工程维修养护项目分为基础设施维修养护项目和基础设备维修养护项目两部分。

水文监测工程基础设施维修养护项目主要包括:水文测验河段基础设施,水位观测设施,流量(渡河)测验设施,泥沙测验设施,降水、蒸发观测设施,水质测验基础设施,供电和通信基础设施,生产、生活用房及附属设施,安全生产及其他设施等。

水文监测工程基础设备维修养护项目主要包括:水位观测仪器设备,流量测验仪器设备,泥沙测验分析仪器设备,降水、蒸发观测仪器设备,水质测验仪器设备,地下水及土壤墒情测验仪器设备,测绘仪器设备,交通通信设备,水文软件及其他仪器设备。

3.6.2 水文监测工程维修养护项目清单

水文监测工程基础设施和基础设备维修养护项目清单见表3.6.2。

表3.6.2 水文监测工程维修养护项目清单

序号	项目名称	维修养护工作内容
一	基础设施	
1	水文测验河段基础设施	
1.1	水文测验断面及基线标志	①木质标志桩、杆、塔和牌,每年汛前应进行检修、刷漆等维护 ②普通铁质标志桩、杆、塔和牌,每年汛前应进行除锈、刷漆等维护 ③镀锌铁质、铝质或不锈钢等标志桩、杆、塔和牌,应每2年进行除尘、描漆等维护 ④混凝土及石质标志桩、点和碑,每年汛前应进行除尘、描漆等维护 ⑤断面及基线标志桩、杆、塔和牌有倾斜、倒塌或损毁时,应及时修复和更新
1.2	平面及高程控制标志	当发现平面及高程控制标志有移动、损毁时应及时更新

续表 3.6.2

序号	项目名称	维修养护工作内容
1.3	测验码头等基础设施	测验码头、观测道路等基础设施每年汛前应从安全性、完整性等方面进行全面检查维护,洪水期应加强巡查
2	水位观测设施	
2.1	水位自记观测基础设施	①水位测井及引水管每年汛前应清淤 1~2 次,淤积严重影响使用时,应增加检查和清淤次数,保持水流畅通 ②金属构件每年汛前应进行除锈、涂漆及防腐等维护 ③水位观测设施每年汛前、汛后应进行检查,洪水前及洪水期间应增加检查次数,发现问题应及时处理 ④基本和比降断面水尺按《水位观测标准》(GB/T 50138)的规定进行校测
2.2	水尺及水尺基础设施	①水尺靠桩倾斜、松动及缺失等情况应及时修复 ②水尺使用期间应每月检查 1 次,未使用期间应每 3 个月检查 1 次 ③洪水期应加强水尺及水尺基础设施检查,发现问题应及时解决
3	流量(渡河)测验设施	

续表 3.6.2

序号	项目名称	维修养护工作内容
3.1	水文缆道设施	①水文缆道主索应每年定期维护2次,缆道主索应每年汛前上油1次,工作索上油应每年不少于2次,经常入水部分应适当增加检查和上油次数 ②滑轮(组)应保持油润,出现钢丝绳在滑轮上滑动、擦边以及跳槽等现象时,应采取措施及时排除,发现明显磨损或损坏时,应及时更新 ③锚碇、支架等基础设施应每年维护1次,洪水及暴雨前后应检查其安全状况 ④锚杆与螺旋扣连接处应高出地面,防止积水,缆索与锚碇接触部分应每年至少检查1次,可涂黄油或柏油养护 ⑤钢丝绳卡头数量不少于5个,间距应不小于钢丝绳直径的6倍,钢丝绳被压扁宜保持在其直径的1/3~1/4 ⑥支架顶部的钢丝绳常年与滑轮接触受到挤压变形时,应做错位处理 ⑦汛前应测量水文缆道的垂度,垂度超过设计垂度的20%时,应及时调整垂度 ⑧汛前应检查支架倾斜程度,当支架顶部中心偏离超过3‰时,应及时调整倾斜度

续表 3.6.2

序号	项目名称	维修养护工作内容
3.2	测流建筑物	①测流建筑物每年汛前应从安全性、完整性等方面全面检查维护,检查发现问题及时处理 ②水文测桥每年汛前应从安全性、完整性等方面全面检查维护,检查发现问题及时处理 ③汛期应加强水文测桥检查,钢质水文测桥应每 1~2 年除锈上漆 1 次
3.3	检定设施	每年汛前对检定设施进行养护,保证检定设施的有效性
4	泥沙测验设施	
4.1	泥沙测验设施	泥沙测验水文缆道、水文测桥的检查维护应按照检修间隔定期进行
4.2	泥沙分析基础设施	泥沙分析处理基础设施每年汛前应全面检查维护
5	降水、蒸发观测设施	
5.1	降水、蒸发观测场基础设施	①每年汛前应对观测场地全面维护,汛期加强巡查,强风、暴雨过后及时检查 ②应保持地面平整,及时处理场地积水、积雪和杂草,及时清除周边遮挡物 ③木质和铁质围栏应每 1~2 年上漆 1 次 ④发现围栏损毁、基础松动等情况时,应及时维修或更换 ⑤降水、蒸发观测场内草地春秋季节应每 3~5 周修剪 1 次,夏季应每 2~3 周修剪 1 次

续表 3.6.2

序号	项目名称	维修养护工作内容
5.2	降水、蒸发观测仪器基础设施	①应每年汛前对观测仪器基础全面维护,汛期加强巡查,强风、暴雨过后及时检查 ②木质基础应每1~2年刷漆1次,拉线、支架应每年上漆或除锈上漆1次 ③发现基础破损或松动、立杆倾斜、拉线或支架锈蚀严重等情况时,应及时维修或更换
6	水质测验基础设施	
6.1	水质采样设施	①水质采样设施和分析基础设施每年维护1次 ②铁质采样设施应每年除锈上漆1次,分析基础设施每年应全面检查维护1次
6.2	水质分析基础设施	①水质分析设施中的仪器台、实验台、器皿柜、样品柜等每年维护1次 ②温湿度控制设施、通风系统、废水处理系统、高压供气系统和废气处理系统每6个月维护1次
7	供电和通信基础设施	
7.1	供电、通信基础设施	供电、通信基础设施每6个月对其安全性进行全面维护
7.2	供电、通信线路	每年汛前应从安全性、完整性等方面全面检查维护,供电、通信线路每年检查维护应不少于2次
8	生产、生活用房及附属设施	

续表 3.6.2

序号	项目名称	维修养护工作内容
8.1	生产、生活用房	①及时修缮管理区房屋屋顶、墙面、地面、门窗破损部位,做好屋顶、墙面防水处理 ②及时检修、更换无法正常使用的水电线路和照明设施
8.2	生产、生活附属设施	生产、生活附属设施包括给水排水设施、采暖设施、围栏、大门和围墙等,每年汛前应从安全性、完整性等方面全面检查维护
9	安全生产及其他设施	
9.1	避雷设施	①每年汛前应全面检查维护,汛期雨季应增加检查次数 ②重点检查避雷设施各环节之间,以及接地体与大地之间是否有中断、接触不良的情况 ③接地阻抗应按《建筑物电子信息系统防雷技术规范》(GB 50343)执行
9.2	消防设施	消防设施每年汛前应从功能完好、便于使用等方面全面检查维护,汛期、干燥季节增加检查次数
9.3	防盗设施	视频监控设施、电子报警系统等测站防盗设施每年汛前应从外观齐全、功能完好等方面全面检查维护
9.4	安全警示、测站标志等设施	①安全警示标志每隔6个月进行1次日常维护,保证标志的有效性 ②测站标志每年应从外观齐全、功能完好等方面全面检查维护

续表 3.6.2

序号	项目名称	维修养护工作内容
二	基础设备	
1	水位观测仪器设备	
1.1	水位人工观测设备	①每年汛前应对水位人工观测设备进行全面检查维护 ②水尺板有拼接的,拼接处缝隙宽度应不大于 2 mm,水尺读数整米处应有整米数标识 ③每次观读水位前应对水尺进行例行检查,发现刻画不清晰、面板变形及破损等情况及时更新,有松动、倾斜情况应及时修正 ④测针式或悬锤式水位计每次使用前应进行例行检查,发现测针弯曲变形等情况应及时修正或更新,发现悬锤明显损毁或测绳刻画、计数不符合观测要求等情况应及时修正或更新
1.2	自记水位计	①每年汛前应对水位计从灵敏度和精度等方面进行全面检查维护 ②较大洪水前应进行 1 次全面检查维护,洪水期间应加强检查管护 ③驻测站宜每天检查水位计工作状态,巡测站可每 2~5 周检查 1 次 ④检查维护前应对水位数据进行备份
1.3	水温计	水温测验设备每 6 个月从灵敏度和精度等方面进行全面检查维护
2	流量测验仪器设备	

续表 3.6.2

序号	项目名称	维修养护工作内容
2.1	水文缆道	①每年汛前应对水文缆道设备的动力系统、信号系统和控制系统等进行全面检查维护 ②每次洪水前应对水文缆道的动力、传动、控制和信号源等重点部位逐项检查 ③水文缆道每次使用前应对防落水等控制设备进行测试 ④测验过程中应随时监视电动机温度及声音、绞车及滑轮运动情况等,发现异常及时处置 ⑤测距定位仪器设备每年汛前应全面检查维护 ⑥水深测验仪器设备的检查维护应符合下列要求: a. 每年汛前应对水深测验仪器设备的灵敏度和精度等进行全面检查维护,每次使用前应进行例行检查 b. 测深杆应重点检查刻画是否清晰,精度是否满足测验要求,当出现弯曲变形、底端磨损及刻画模糊时,应修复或更换 c. 测深锤应重点检查测绳计数标志是否清晰,精度是否满足测验要求,当出现测绳磨损或标志不清时,应及时更换 d. 铅鱼测深系统应重点检查计数器的灵敏度和计数误差,悬索锈蚀和磨损情况 e. 回声测深仪使用过程的比测、校对等应按《水文测量规范》(SL 58)执行

续表 3.6.2

序号	项目名称	维修养护工作内容
2.2	水文测船	①按照规定应取得海事部门颁发适航证的测船,应获取适航证 ②每年汛前应对水文测船的动力系统、控制系统等进行全面检查维护,包括对运动件注油保养和进行效用试验,对船体锈蚀、破损面进行处理,机械故障及时维修 ③每次洪水前应对水文测船的动力、控制和救生等重点部位逐项检查,每次出航前应开展例行检查 ④各类材质水文测船主要部位的检修间隔年限、修理要求应按《水文测船测验规范》(SL 338)执行 ⑤每次测验前应对水文绞车等船上测验设备进行例行检查
2.3	流速测验仪器设备	①每年汛前应对流速测验仪器设备的灵敏度和精度等进行全面检查维护 ②走航式声学多普勒流速剖面仪应每年与转子式流速仪进行比测 1~2 次,每次使用前应进行软件和硬件的常规检查 ③转子式流速仪、流速测算仪每次使用前应进行例行检查,转子式流速仪使用后及时进行清洗等维护 ④其他基于声学、电磁等原理的测速仪器应按仪器使用说明的要求检查 ⑤浮标应保持材质、形式等的一致性,每次洪水前应对浮标投放设备检查 1 次 ⑥转子式流速仪的比测和检定、计时装置的校测应按《河流流量测验规范》(GB 50179)执行

续表 3.6.2

序号	项目名称	维修养护工作内容
2.4	其他流量测验设备	①每年汛前应对流量测验其他相关仪器设备进行全面检查维护,每次洪水前应检查1次 ②每次测流前应对信号发生、传输、接收和处理仪器进行例行检查 ③风沙扬尘大的地区应保持照明设备清洁
3	泥沙测验分析仪器设备	
3.1	泥沙采样仪器设备	①每年汛前应对泥沙测验相关仪器设备的灵敏度和精度等进行全面检查维护,每次洪水前应检查1次,每次使用前应进行例行检查 ②瞬时采样器应重点检查锈蚀、漏水及闭合的同步性等 ③积时式采样器应重点检查漏水、开关灵敏性及管嘴积沙情况等 ④各类测沙仪应按仪器说明书进行日常维护,比测、校测应按《河流悬移质泥沙测验规范》(GB/T 50159)执行
3.2	泥沙处理仪器设备	①每年汛前应对泥沙处理仪器设备的灵敏度和精度等进行全面检查维护,每次使用前应进行例行检查 ②天平或砝码应每年送检,并取得计量部门的检定证书 ③比重瓶检定(校准)应按《河流悬移质泥沙测验规范》(GB/T 50159)执行 ④烘箱、恒温箱应保持所需的烘干、恒温技术性能指标 ⑤分样器应每年进行一次率定,日常检查发现有锈蚀、变形等情况应及时维修或更新

续表 3.6.2

序号	项目名称	维修养护工作内容
3.3	泥沙颗粒分析仪器设备	①每年汛前应对泥沙颗粒分析仪器设备的灵敏度和精度等进行全面检查维护,每次使用前应进行例行检查 ②应每年使用标准粒子(或其可替代产品)对颗粒分析仪器进行 1~2 次校测 ③分析筛应重点检查锈蚀、变形等情况,其检查与校正应按《河流泥沙颗粒分析规程》(SL 42)执行 ④玻璃器具等易碎易耗品应有备份,且符合使用要求
4	降水、蒸发观测仪器设备	①每年汛前应对降水、蒸发观测仪器设备的灵敏度和精度等方面进行全面检查维护,暴雨前加强检查 ②驻测站设备每次使用前应进行例行检查,遥测站设备在汛期应检查 1~2 次 ③应经常清理承雨器内的落叶等杂物,风沙大的地区应采取措施,防止沙尘在器内累积 ④应经常清理蒸发器内的落叶等杂物,防止动物饮用蒸发器内的水 ⑤木质百叶箱应每年上漆 1 次,应日常检查百叶条是否变形
5	水质测验仪器设备	
5.1	水质采样、储存仪器设备	水质采样、存储仪器设备每年应全面检查维护 1 次

续表 3.6.2

序号	项目名称	维修养护工作内容
5.2	水质移动实验室、自动监测站仪器设备	①每年应对水质分析仪器设备从灵敏度和精度等方面进行 1 次全面检查维护 ②应每天监控在线自动监测系统仪器运行状态和输出数据的情况 ③应经常检查自动监测站取样口及进样管路的畅通 ④移动实验室和便携式分析仪器应定期进行检定、校正或比对
5.3	实验室水质分析仪器设备	①实验室水质分析仪器设备的检查维护应符合下列要求： a. 每年应对实验室水质分析仪器设备从灵敏度和精度等方面进行 1 次全面维护 b. 实验室仪器设备的使用、维护与检定应按《水环境监测规范》(SL 219) 执行 c. 实验室应通过资质认定 ②实验室水质辅助仪器设备的检查维护应符合下列要求： a. 每年应对实验室水质分析辅助仪器设备进行 1 次全面检查维护 b. 实验室辅助仪器设备的使用、维护与检定应符合《水环境监测规范》(SL 219) 的规定
6	地下水及土壤墒情测验仪器设备	
6.1	地下水测验仪器设备	地下水测验仪器设备每年应全面维护 1 次

续表 3.6.2

序号	项目名称	维修养护工作内容
6.2	土壤墒情测验仪器设备	土壤墒情测验仪器设备每年应全面维护1次
7	测绘仪器设备	
7.1	光学测量仪器设备	①每年应对光学测量仪器设备从灵敏度和精度等方面进行1次全面检查维护 ②经纬仪、水准仪和测距仪宜每年送检1次,并取得检定(校准)证书 ③测量仪器设备的检校应按《水文测量规范》(SL 58)执行
7.2	电子测绘仪器设备	①每年应对电子测绘仪器设备从灵敏度和精度等方面进行1次全面检查维护 ②全站仪、全球卫星定位系统、三维激光扫描仪、数字水准仪和电子经纬仪、测距仪等其他电子测绘仪器宜每年送检1次,并取得检定(校准)证书 ③测量仪器设备的检校应按《水文测量规范》(SL 58)执行
8	交通通信设备	
8.1	防汛、巡测交通设备	①每年汛前应对防汛、巡测交通设备,及其承载的测验设施进行全面检查维护 ②日常应重点检查车、船等安全性能 ③应备齐灭火器、警示标志等安全防护器具
8.2	通信设备	通信设备每年汛前应全面检查维修养护
9	水文软件	

续表 3.6.2

序号	项目名称	维修养护工作内容
9.1	水文分析软件	①每年应对水文分析软件进行1次测试维护 ②应购买使用正版软件,及时升级通用软件至适用版本 ③应对专业软件持续改进、升级 ④应定期、及时对应用软件进行杀毒
9.2	水文管理软件	①每年应对水文管理软件进行1次测试维护 ②应购买使用正版软件,及时升级通用软件 ③对管理系统的信息内容应每年更新完善1次,重要信息应及时更新 ④应定期、及时对应用软件进行杀毒 ⑤应持续改进、升级专业软件
10	其他仪器设备	
10.1	办公仪器设备	办公仪器设备每年汛前应全面检查维护1次
10.2	动力设备	①每年汛前应对动力设备全面检查维护 ②蓄电池组每月应充放电养护 ③发电机未使用期间每月应运行养护 ④太阳能电池板应经常清洁养护
10.3	安全设备	①安全设备每年汛前应全面检查维护1次 ②各类安全设备应保持足够的数量和完备的功能,每年定期自我检查,并接受消防等专业部门的技术指导和检查
10.4	生活附属设备	生活附属设备每年汛前应全面检查维护1次

4 维修养护工作(工程)量

4.1 水库工程维修养护工作(工程)量

4.1.1 水库工程计算基准表

水库工程维修养护项目基准工作(工程)量的计算,以一座水库工程为计算基准,计算基准按表 4.1.1 执行。

表 4.1.1 水库工程计算基准

维修养护等级				一	二	三	四	五	六	七	八
大坝工程维修养护	土石坝维修养护	土石坝	坝高 H_1/m	100	50	50	30	30	20	20	10
			坝长 L_1/m	300	300	180	180	100	100	70	70
			坡度系数 M_1	2.5(坡比 1:2.5)							
			护坡结构	上游混凝土护坡,下游草皮护坡							
			路面结构形式	混凝土路面							

续表 4.1.1

维修养护等级				一	二	三	四	五	六	七	八
大坝工程维修养护	混凝土坝维修养护	混凝土坝	水库坝高 H_2/m	100	50	50	30	30	20	20	10
			水库坝长 L_2/m	400	400	150	150	100	100	70	70
			坡度系数 M_2	0.8(坡比 1:0.8)							
			坝顶公路形式	混凝土路面							
		闸门	闸门面积 A_1/m^2	420	320	240	210	150	100	50	40
			闸门类型	平板钢闸门							
		启闭机	启闭机数量 N_1/台	4	4	3	3	2	2	1	1
		机电设备	机电设备数量 N_2/(台,套)	4	4	3	3	2	2	1	1
		物料、动力消耗	启闭次数	基准孔数闸门启闭机年启闭 12 次							

续表 4.1.1

维修养护等级			一	二	三	四	五	六	七	八
输、放水设施维修养护	涵(隧)洞	洞周长 S_1/m	16	12.8	11.4	9.2	7.2	6.2	6.0	5.6
		洞线长 L_3/m	460	360	270	180	180	108	108	72
	闸门	闸门面积 A_2/m^2	12	9	6	4	2	1	0.64	0.4
		闸门类型	平板钢闸门							
	启闭机	启闭机数量 N_3/台	1							
	机电设备	机电设备数量 N_4/(台,套)	1							
	物料、动力消耗	启闭次数	基准孔数闸门启闭机年启闭 12 次							
泄洪工程维修养护	溢洪道	溢洪道宽度 B/m	35	30	20	15	6	5	4	3
		溢洪道长度 L_4/m	350	220	210	150	140	90	90	50
		溢洪道类型	混凝土溢洪道							
		挡墙高度 H_3/m	2							
		挡墙长度 L_5/m	350	220	210	150	140	90	90	50
		挡墙的类型	浆砌石挡墙							

续表 4.1.1

维修养护等级			一	二	三	四	五	六	七	八
泄洪工程维修养护	泄洪洞	洞周长 S_2/m	16	12.8	11.4	9.2	7.2	6.2	6	5.6
		洞线长 L_6/m	460	360	270	180	180	108	108	72
	闸门	闸门面积 A_3/m^2	420	320	240	150	48	30	20	12
		闸门类型	平板钢闸门							
	启闭机	启闭机数量 N_5/台	4	4	3	3	2	2	1	1
	机电设备	机电设备数量 N_6/(台,套)	4	4	3	3	2	2	1	1
	物料、动力消耗	启闭次数	基准孔数闸门启闭机年启闭 12 次							

4.1.2 水库工程维修养护基本项目基准工作(工程)量

水库工程维修养护基本项目基准工作(工程)量按表 4.1.2-1、表 4.1.2-2 执行。

表 4.1.2-1 水库工程(土石坝)维修养护基本项目基准工作(工程)量

序号	维修养护项目	单位	维修养护等级							
			一	二	三	四	五	六	七	八
一	大坝工程维修养护									
1	坝顶维修养护									
1.1	坝顶土方养护修整	m^3	23	18	11	8	5	4	3	2
1.2	坝顶道路维修养护	m^2	150	120	72	54	30	25	18	14
2	坝坡维修养护									
2.1	坝坡土方养护修整	m^3	486	378	227	136	76	50	35	17
2.2	硬护坡维修养护(迎水坡)	m^2	1 552	1 252	751	452	251	166	116	57
2.3	草皮护坡养护(背水坡)	m^2	56 235	40 389	24 233	14 540	8 078	5 385	3 770	1 885
2.4	草皮补植	m^2	2 812	2 019	1 212	727	404	269	188	94
3	防浪墙维修养护									
3.1	墙体维修养护	m^2	15	15	9	9	5	5	4	4
3.2	伸缩缝维修养护	m	3	3	1.8	1.8	1	1	0.7	0.7
4	减压及排(渗)水工程维修养护									

续表 4.1.2-1

序号	维修养护项目	单位	维修养护等级							
			一	二	三	四	五	六	七	八
4.1	减压及排渗工程维修养护	工日	15	15	9	9	5	5	4	4
4.2	排水沟维修养护	工日	5	5	5	5	5	2	2	2
二	输、放水设施维修养护									
1	进水口建筑物维修养护									
1.1	进水塔维修养护	m^2	19	16	15	9	7	4	3	2
1.2	卧管维修养护	m^2	—	—	—	—	5	3	2	1
2	涵(隧)洞维修养护									
2.1	洞身维修养护	m^2	110	69	46	25	19	10	9	6
2.2	进出口边坡维修养护	m^2	16	13	11	9	7	6	6	5
2.3	出口消能设施维修养护	m^3	10	9	8	6	5	4	3	3
3	闸门维修养护									
3.1	钢闸门及埋件防腐处理	m^2	12	9	6	4	2	1	0.6	0.4
3.2	止水更换	m	7	5	3.5	2.3	1.2	0.6	0.3	0.2
3.3	闸门行走支承装置维修养护	工日	3	3	3	3	3	3	3	3

续表 4.1.2-1

序号	维修养护项目	单位	维修养护等级							
			一	二	三	四	五	六	七	八
4	启闭机维修养护									
4.1	机体表面防腐处理	m^2	9	7	5	3	2	0.8	0.5	0.4
4.2	钢丝绳维修养护	工日	12	9	6	3.7	2.4	1	0.6	0.5
4.3	传(制)动系统维修养护	工日	5.4	4.2	3	1.8	1.2	0.6	0.3	0.3
5	机电设备维修养护									
5.1	电动机维修养护	工日	9	9	6	6	5	5	4	4
5.2	操作系统维修养护	工日	7	7	6	6	6	6	5	5
5.3	配电设施维修养护	工日	5	5	4	4	3	3	2	2
5.4	输变电系统维修养护	工日	9	9	7	7	4	4	1	1
5.5	避雷设施维修养护	工日	5	5	4	4	3	3	2	2
6	物料、动力消耗									
6.1	电力消耗	kW·h	3 200	3 200	2 920	2 920	1 680	1 680	1 080	1 080
6.2	柴油消耗	kg	720	720	540	540	360	360	180	180
6.3	机油消耗	kg	128	128	112	112	96	96	64	64

续表 4.1.2-1

序号	维修养护项目	单位	维修养护等级							
			一	二	三	四	五	六	七	八
6.4	黄油消耗	kg	440	400	360	320	280	240	200	160
三	泄洪工程维修养护									
1	溢洪道维修养护									
1.1	底板维修养护	m^2	368	198	126	68	25	14	11	5
1.2	挡墙维修养护	m^2	35	22	21	15	14	9	9	5
1.3	伸缩缝、止水设施维修养护	m	37	20	12	6.8	2.5	1.4	1	0.5
2	泄洪洞维修养护									
2.1	洞身维修养护	m^2	110	69	46	25	19	10	9	6
2.2	进出口边坡维修养护	m^2	16	13	11	9	8	7	6	5
3	消能防冲工程维修养护	m^3	20	20	10	10	10	10	5	5
4	闸门维修养护									
4.1	钢闸门及埋件防腐处理	m^2	420	320	240	150	48	30	20	12
4.2	止水更换	m	49	37	28	25	18	12	6	5
4.3	闸门行走支承装置维修养护	工日	12	12	9	9	6	6	3	3

续表 4.1.2-1

序号	维修养护项目	单位	维修养护等级							
			一	二	三	四	五	六	七	八
5	启闭机维修养护									
5.1	机体表面防腐处理	m^2	270	189	108	108	54	54	27	27
5.2	钢丝绳维修养护	工日	109	77	45	45	22	22	11	11
5.3	传(制)动系统维修养护	工日	56	38	22	22	11	11	5	5
6	机电设备维修养护									
6.1	电动机维修养护	工日	60	54	39	23	17	17	9	9
6.2	操作系统维修养护	工日	32	27	25	19	12	12	7	7
6.3	配电设施维修养护	工日	32	32	24	24	16	16	8	8
6.4	输变电系统维修养护	工日	50	50	40	40	20	20	10	10
6.5	避雷设施维修养护	工日	25	21	17	13	7	7	4	4
7	物料、动力消耗									
7.1	电力消耗	kW · h	7 200	7 200	4 000	4 000	2 132	2 132	1 356	1 356
7.2	柴油消耗	kg	1 680	1 360	660	600	480	400	340	240
7.3	机油消耗	kg	720	640	520	440	240	240	120	120

续表 4.1.2-1

序号	维修养护项目	单位	维修养护等级							
			一	二	三	四	五	六	七	八
7.4	黄油消耗	kg	1 600	1 120	800	800	320	320	160	160
四	附属设施及管理区维修养护									
1	房屋维修养护	m^2	900	750	630	450	450	120	120	120
2	管理区维修养护									
2.1	管理区道路维修养护	m^2	57	47	36	24	24	6	6	6
2.2	管理区排水沟维修养护	工日	2	2	2	2	2	2	2	2
2.3	照明设施维修养护	工日	2	2	2	2	2	2	2	2
2.4	管理区绿化保洁	m^2	500	500	375	375	350	250	125	125
2.5	坝前杂物清理	m^2	6 000	6 000	3 600	3 600	2 000	2 000	1 400	1 400
3	围墙、护栏、爬梯、扶手维修养护	m	150	112	75	75	37	37	18	18
4	标志牌维修养护	工日	20	20	20	15	15	15	5	5

表 4.1.2-2　水库工程(混凝土坝)维修养护基本项目基准工作(工程)量

序号	维修养护项目	单位	维修养护等级							
			一	二	三	四	五	六	七	八
一	大坝工程维修养护									
1	混凝土坝维修养护									
1.1	混凝土结构表面裂缝、破损、侵蚀及碳化处理	m^2	2 607	1 323	496	296	197	137	96	48
1.2	坝体表面保护层维修养护	m^2	1 738	882	331	197	132	92	64	32
1.3	坝顶路面维修养护	m^2	128	64	24	18	12	8	6	4
1.4	防浪墙维修养护	m^2	24	24	9	9	6	6	4	4
1.5	伸缩缝、止水及排水设施维修养护	m	36	20	8	4	3	2	1	1
2	坝下消能防冲工程维修养护	m^3	30	20	10	10	10	10	5	5
3	闸门维修养护									
3.1	钢闸门及埋件防腐处理	m^2	420	320	240	210	150	100	50	40
3.2	止水更换	m	12	12	9	9	6	6	3	3
3.3	闸门行走支承装置维修养护	工日	49	37	28	25	18	12	6	5

续表 4.1.2-2

序号	维修养护项目	单位	维修养护等级							
			一	二	三	四	五	六	七	八
4	启闭机维修养护									
4.1	机体表面防腐处理	m^2	270	189	108	108	54	54	27	27
4.2	钢丝绳维修养护	工日	109	77	45	45	22	22	11	11
4.3	传(制)动系统维修养护	工日	56	38	22	22	11	11	5	5
5	机电设备维修养护									
5.1	电动机维修养护	工日	60	54	39	23	17	17	9	9
5.2	操作系统维修养护	工日	32	27	25	19	12	12	7	7
5.3	配电设施维修养护	工日	32	32	24	24	16	16	8	8
5.4	输变电系统维修养护	工日	50	50	40	40	20	20	10	10
5.5	避雷设施维修养护	工日	25	21	17	13	7	7	4	4
6	物料、动力消耗									
6.1	电力消耗	kW · h	4 800	4 500	2 500	2 500	1 333	1 333	848	848
6.2	柴油消耗	kg	1 050	850	413	375	300	250	213	150

续表 4.1.2-2

序号	维修养护项目	单位	维修养护等级							
			一	二	三	四	五	六	七	八
6.3	机油消耗	kg	450	400	325	275	150	150	75	75
6.4	黄油消耗	kg	1 000	700	500	500	200	200	100	100
二	输、放水设施维修养护									
1	进水口建筑物维修养护									
1.1	进水塔维修养护	m^2	19	16	15	9	7	4	—	—
1.2	卧管维修养护	m^2	—	—	—	—	5	3	2	1
2	涵(隧)洞维修养护									
2.1	洞身维修养护	m^2	37	23	15	8	6	4	3	2
2.2	进出口边坡维修养护	m^2	16	13	11	9	8	7	6	5
2.3	出口消能设施维修养护	m^3	10	9	8	6	5	4	3	3
3	闸门维修养护									
3.1	钢闸门及埋件防腐处理	m^2	12	9	6	4	2	1	0.6	0.4
3.2	止水更换	m	7	5	3.5	2.3	1	0.6	0.3	0.2

续表 4.1.2-2

序号	维修养护项目	单位	维修养护等级							
			一	二	三	四	五	六	七	八
3.3	闸门行走支承装置维修养护	工日	3	3	3	3	3	3	3	3
4	启闭机维修养护									
4.1	机体表面防腐处理	m^2	9	7	5	3	2	0.8	0.5	0.4
4.2	钢丝绳维修养护	工日	12	9	6	3.7	2.4	1	0.6	0.5
4.3	传(制)动系统维修养护	工日	5.4	4.2	3	1.8	1.2	0.6	0.3	0.3
5	机电设备维修养护									
5.1	电动机维修养护	工日	9	9	6	6	5	5	4	4
5.2	操作系统维修养护	工日	7	7	6	6	6	6	5	5
5.3	配电设施维修养护	工日	5	5	4	4	3	3	2	2
5.4	输变电系统维修养护	工日	9	9	7	7	4	4	1	1
5.5	避雷设施维修养护	工日	5	5	4	4	3	3	2	2
6	物料、动力消耗									
6.1	电力消耗	kW·h	2 400	2 400	2 190	2 190	1 260	1 260	810	810

续表 4.1.2-2

序号	维修养护项目	单位	维修养护等级							
			一	二	三	四	五	六	七	八
6.2	柴油消耗	kg	540	540	405	405	270	270	135	135
6.3	机油消耗	kg	96	96	84	84	72	72	48	48
6.4	黄油消耗	kg	330	300	270	240	210	180	150	120
三	附属设施及管理区维修养护									
1	房屋维修养护	m^2	900	750	630	450	450	120	120	120
2	管理区维修养护									
2.1	管理区道路维修养护	m^2	57	46	36	24	24	6	6	6
2.2	管理区排水沟维修养护	工日	15	15	12	12	9	9	8	8
2.3	照明设施维修养护	工日	10	10	8	8	6	6	5	5
2.4	管理区绿化保洁	m^2	500	500	375	375	350	250	125	125
2.5	坝前杂物清理	m^2	6 000	6 000	3 600	3 600	2 000	2 000	1 400	1 400
3	围墙、护栏、爬梯、扶手维修养护	m	150	112	75	75	37	37	18	18
4	标志牌维修养护	工日	20	20	20	15	15	15	5	5

4.2 水闸工程维修养护工作(工程)量

4.2.1 水闸工程计算基准表

水闸工程维修养护项目基准工作(工程)量的计算,以各级水闸工程流量、孔口面积、孔口数量为计算基准,计算基准按表 4.2.1 执行。

表 4.2.1 水闸工程计算基准

维修养护等级	一	二	三	四	五	六	七	八
流量 $Q/(m^3/s)$	10 000	7 500	4 000	2 000	750	300	55	7.5
孔口面积 A/m^2	2 400	1 800	910	525	240	150	30	8
孔口数量/孔	40	30	22	13	8	5	2	1

4.2.2 水闸工程基准工作(工程)量

水闸工程维修养护基本项目工作(工程)量按表 4.2.2 执行。

表 4.2.2 水闸工程维修养护基本项目工作(工程)量

序号	维修养护项目	单位	维修养护等级							
			一	二	三	四	五	六	七	八
一	水闸建筑物维修养护									
1	土工建筑物维修养护	m^3	220	205	156	146	88	78	20	20
2	砌石勾缝修补	m^2	500	420	269	195	117	87	52	28
3	砌石翻修	m^3	75	63	40	29	18	13	8	4
4	防冲设施抛石处理	m^3	60	45	21	12	6	4	1	1
5	反滤排水设施维修养护	m	122	92	55	33	27	17	6	3
6	混凝土结构表面裂缝、破损、侵蚀及碳化处理	m^2	600	450	211	125	53	33	6	2
7	伸缩缝、止水设施维修养护	m	30	23	12	9	4	2	1	1
二	闸门维修养护									
1	工作闸门防腐处理	m^2	2 520	1 890	937	541	240	150	30	8
2	闸门行走支承装置维修养护	工日	120	90	66	39	24	15	6	3

续表 4.2.2

序号	维修养护项目	单位	维修养护等级							
			一	二	三	四	五	六	七	八
3	工作闸门止水更换	m	290	218	145	86	48	30	7	2
4	闸门埋件维修养护	m^2	600	450	264	156	88	55	11	4
5	检修门维修养护	m^2	210	158	134	77	34	21	0	0
三	启闭机维修养护									
1	机体表面防腐处理	m^2	1 400	1 050	660	390	176	110	26	12
2	钢丝绳维修养护	m	960	720	440	260	152	95	36	12
3	传(制)动系统维修养护	工日	320	240	176	104	64	40	16	8
4	检修门启闭机维修养护	工日	150	150	100	100	50	50	0	0
四	机电设备维修养护									
1	电动机维修养护	工日	640	480	352	208	80	50	20	10
2	操作设备维修养护	工日	240	180	132	78	48	30	12	6
3	变、配电设施维修养护	工日	168	141	76	56	36	23	14	12
4	输电系统维修养护	工日	96	96	72	72	60	60	24	12
5	避雷设施维修养护	工日	28	28	20	20	8	8	8	8

续表 4.2.2

序号	维修养护项目	单位	维修养护等级							
			一	二	三	四	五	六	七	八
五	附属设施维修养护									
1	检修桥、工作桥维修养护	m	1 881	1 409	855	502	242	149	39	16
2	启闭机房维修养护	m^2	688	516	312	183	88	54	15	6
3	管理区房屋维修养护	m^2	748	638	484	363	231	176	132	66
4	管理区维修养护	m^2	1 360	1 160	880	660	420	320	240	120
5	围墙护栏维修养护	m	900	900	800	600	500	400	100	60
6	标志牌维修养护	个	4	4	4	4	2	2	1	1
六	物料、动力消耗									
1	电力消耗	kW·h	27 598	23 591	17 627	15 900	10 995	8 778	1 335	276
2	柴油消耗	kg	4 470	3 240	2 160	1 120	580	320	130	60
3	机油消耗	kg	850	650	480	220	150	90	50	20
4	黄油消耗	kg	900	720	650	550	400	200	100	50
七	闸室清淤	m^3	640	480	282	166	72	38	10	5
八	水面杂物清理	工日	245	220	180	125	108	72	60	40

4.3 堤防工程维修养护工作(工程)量

4.3.1 堤防工程计算基准表

河道堤防工程维修养护基本项目基准工作(工程)量的计算,以1 000 m长度和各级堤防基准断面为计算基准,计算基准按表4.3.1执行。

表4.3.1 堤防工程基本维修养护定额计算基准

维修养护等级	一	二	三	四	五	六	七	八
堤防工程等级	1级堤防		2级堤防		3级堤防		4级堤防	5级堤防
堤防长度/m	1 000	1 000	1 000	1 000	1 000	1 000	1 000	1 000
堤身高度/m	10	9	9	8	8	7	6	5
堤顶宽度/m	11	10	9	8	7	6	5	4
堤身断面建筑轮廓线长度/m	81	73	64	55	46	41	32	26

注:堤身断面建筑轮廓线长度 L 为堤顶宽度加地面以上临、背堤坡长之和,戗台不计入堤身断面。

4.3.2 堤防工程基准工作(工程)量

堤防工程维修养护基本项目工作(工程)量按表4.3.2执行。

表 4.3.2　堤防工程维修养护基本项目工作(工程)量

序号	维修养护项目	单位	维修养护等级							
			一	二	三	四	五	六	七	八
一	堤顶维修养护									
1	堤肩土方养护修整	m^3	60	48	48	36	36	24	24	12
2	堤顶路面维修养护	m^2	300	300	250	250	200	200	150	150
3	防浪墙维修养护	m	1 000	1 000	1 000	1 000	1 000	1 000	1 000	1 000
二	堤坡维修养护									
1	堤坡土方养护修整	m^3	109	98	85	72	60	53	36	30
2	上、下堤道路路面维修养护	m^2	24	21	18	16	6.5	5.6	3.9	3.2
3	迎水侧护坡维修养护	m^2	158	142	121	108	89	78	67	56
4	背水侧护坡维修养护									
4.1	草皮护坡养护	m^2	36 401	32 760	28 460	24 000	20 000	17 500	12 000	10 000
4.2	草皮补植	m^2	364	328	285	240	200	175	120	100
5	堤脚干砌块石翻修	m^3	10	10	10	10	6	6	3	3
三	附属设施维修养护									

续表 4.3.2

序号	维修养护项目	单位	维修养护等级							
			一	二	三	四	五	六	七	八
1	房屋维修养护	m^2	30	30	30	30	15	15	0	0
2	管理区维修养护	m^2	180	180	180	180	90	90	0	0
3	围墙护栏维修养护	m	56	56	56	56	38	38	0	0
4	标志牌维修养护	个	8	8	6	6	4	4	3	3
5	限高限速拦车墩维修养护	处	4	4	4	4	3	3	2	2

4.4 泵站工程维修养护工作(工程)量

4.4.1 泵站工程计算基准表

泵站工程维修养护项目基准工作(工程)量的计算,以各级泵站工程装机功率为计算基准,计算基准按表 4.4.1 执行。

表 4.4.1　泵站工程计算基准

维修养护等级	一	二	三	四	五	六	七	八
装机功率 P/kW	30 000	10 000	7 500	4 000	2 000	750	300	50

4.4.2　泵站工程基准工作(工程)量

泵站工程维修养护基本项目基准工作(工程)量按表 4.4.2 执行。移动式泵站按实有功率累计计算。

表 4.4.2　泵站工程维修养护基本项目基准工作(工程)量

序号	维修养护项目	单位	维修养护等级							
			一	二	三	四	五	六	七	八
一	机电设备维修养护									
1	主机组维修养护	工日	3 948	2 649	990	531	273	120	60	21
2	输变电系统维修养护	工日	254	198	133	100	76	55	37	19
3	操作设备维修养护	工日	764	582	398	214	123	61	41	26
4	配电设备维修养护	工日	384	277	196	149	126	98	35	14
5	避雷设施维修养护	工日	17	13	8	6	5	4	3	2

续表 4.4.2

序号	维修养护项目	单位	维修养护等级							
			一	二	三	四	五	六	七	八
二	辅助设备维修养护									
1	油、气、水系统维修养护	工日	855	564	198	108	62	38	27	20
2	起重设备维修养护	工日	85	57	22	12	8	6	4	3
3	拍门、拦污栅等维修养护	工日	141	93	33	18	12	9	8	6
三	泵站建筑物维修养护									
1	泵房维修养护	m^2	3 960	2 760	1 260	1 026	660	288	144	54
2	进、出水池(渠)维修养护	m^3	51	39	25	20	16	13	9	7
3	进出水池(渠)清淤	m^3	2 400	1 900	1 300	1 150	713	320	130	50
四	附属设施维修养护									
1	管理房屋维修养护	m^2	504	360	180	96	57	39	27	18
2	管理区维修养护	m^2	3 780	2 700	1 350	864	537	306	246	210
3	围墙护栏维修养护	m	382	292	180	162	105	41	24	19
4	标志牌维修养护	个	4	4	3	3	3	2	2	2
五	物料、动力消耗									

续表 4.4.2

序号	维修养护项目	单位	维修养护等级							
			一	二	三	四	五	六	七	八
1	电力消耗	kW·h	16 940	13 620	10 300	7 450	5 070	3 160	1 720	790
2	柴油消耗	kg	595	398	205	150	76	30	12	4
3	机油消耗	kg	397	265	126	100	52	30	12	4
4	黄油消耗	kg	476	318	158	134	67	35	14	5
5	轴承油	kg	500	335	165	140	70	35	14	5
6	密封填料	kg	540	380	260	180	120	65	25	12
六	水面杂物清理	工日	360	360	240	240	240	80	80	50

4.5 灌区工程维修养护工作(工程)量

4.5.1 灌区工程计算基准表

灌区工程维修养护项目基准工作(工程)量的计算,灌排渠(沟)工程和灌排建筑物以流量、长度或体积为计算基准,具体计算基准如下。

(1)灌排渠(沟)工程和灌排建筑物设计过水流量计算基准按表 4.5.1-1 执行。

表 4.5.1-1　灌区工程基本维修养护定额计算基准

维修养护等级	一	二	三	四	五	六	七	八
设计过水流量 $Q/(m^3/s)$	—	—	—	35	15	8	4	1

(2)灌排渠(沟)工程以 1 000 m 长度为计算基准。

(3)渡槽工程、倒虹吸工程、涵(隧)洞工程、管道工程以 100 m 长度为计算基准。

(4)跌水陡坡以单座为计算基准。

(5)滚水坝工程按坝体体积为计算基准,按表 4.5.1-2 执行。

表 4.5.1-2　灌区滚水坝工程基本维修养护定额计算基准

维修养护等级	一	二	三	四	五	六
坝体体积 V/m^3	32 000	18 000	8 750	5 550	2 900	2 200

(6)橡胶坝工程以坝长和滚水堰的堰长、堰高为计算基准,按表 4.5.1-3 执行。

表 4.5.1-3　灌区橡胶坝工程基本维修养护定额计算基准

维修养护等级	一	二	三	四	五	六
坝长/m	200	160	140	120	100	80
滚水堰的堰长/m	150	120	100	80	60	40
滚水堰的堰高/m	4	4	4	4	3	2

（7）附属设施及绿化保洁以灌区灌溉面积为计算基准，按表 4.5.1-4 执行。

表 4.5.1-4　灌区附属设施基本维修养护定额计算基准

维修养护等级	一	二	三	四	五	六	七	八
灌溉面积/万亩	—	—	—	50	35	20	2	1

注：1 亩 = 1/15 hm^2，全书同。

4.5.2　灌区工程基准工作（工程）量

灌区工程维修养护基本项目基准工作（工程）量按表 4.5.2 执行。

表 4.5.2　灌区工程维修养护基本项目基准工作(工程)量

序号	维修养护项目	单位	维修养护等级							
			一	二	三	四	五	六	七	八
一	灌排渠沟工程维修养护									
1	渠(沟)顶维修养护									
1.1	渠(沟)顶土方维修养护	m^3	—	—	—	112	80	80	35	27
1.2	渠(沟)顶道路维修养护	m^2	—	—	—	120	90	90	60	60
2	渠(沟)边坡维修养护									
2.1	渠(沟)边坡土方维修养护	m^3	—	—	—	120	80	63	38	36
2.2	渠(沟)防渗工程维修养护	m^2	—	—	—	201	133	105	81	60
2.3	表面杂草清理	工日	—	—	—	4	3	3	2	2
3	渠(沟)清淤	m^3	—	—	—	350	300	280	250	150
4	水生生物清理	m^2	—	—	—	53	45	42	25	14
二	灌排建筑物维修养护									
1	渡槽工程维修养护									
1.1	进出口段及槽台维修养护	m^3	—	—	—	75	55	47	37	29

续表 4.5.2

序号	维修养护项目	单位	维修养护等级							
			一	二	三	四	五	六	七	八
1.2	混凝土结构表面裂缝、破损、侵蚀处理	m^2	—	—	—	49	36	30	24	18
1.3	伸缩缝维修养护	m	—	—	—	29	22	18	14	11
1.4	护栏维修养护	m	—	—	—	200	200	200	200	200
1.5	渡槽清淤	m^3	—	—	—	30	22	19	15	12
2	倒虹吸工程维修养护									
2.1	进出口段维修养护	m^3	—	—	—	60	42	36	28	22
2.2	混凝土结构表面裂缝、破损、侵蚀处理	m^2	—	—	—	6.7	4.7	4.1	3.1	2.5
2.3	伸缩缝维修养护	m	—	—	—	47	33	28	22	18
2.4	拦污栅维修养护	m^2	—	—	—	22	10	8	5	3
2.5	倒虹吸清淤	m^3	—	—	—	68	47	41	31	25

续表 4.5.2

序号	维修养护项目	单位	维修养护等级							
			一	二	三	四	五	六	七	八
3	涵(隧)洞工程维修养护									
3.1	进出口段维修养护	m^3	—	—	—	57	42	36	28	22
3.2	混凝土或砌石结构表面裂缝、破损、侵蚀处理	m^2	—	—	—	13	9	8	6	5
3.3	伸缩缝维修养护	m	—	—	—	25	19	16	12	10
3.4	拦污栅维修养护	m^2	—	—	—	10	6	4	3	2
3.5	涵(隧)洞工程清淤	m^3	—	—	—	60	44	38	30	24
4	管道工程维修养护									
4.1	进出口段维修养护	m^3	—	—	—	75	57	45	37	28
4.2	管网维修养护	m	—	—	—	10	8	6	5	4
4.3	连接接头维修养护	m	—	—	—	20	18	16	14	12
4.4	附属件维修养护	套	—	—	—	1	0.8	0.6	0.5	0.4
4.5	管道清淤	m^3	—	—	—	83	63	50	33	19

续表 4.5.2

序号	维修养护项目	单位	维修养护等级							
			一	二	三	四	五	六	七	八
5	滚水坝工程维修养护									
5.1	结构表面裂缝、破损、侵蚀及碳化处理	m^2	95	83	73	62	52	43	—	—
5.2	伸缩缝维修养护	m	48	33	20	16	13	12	—	—
5.3	消能防冲设施维修养护	m^3	48	24	12	8	5	4	—	—
5.4	反滤及排水设施维修养护	m^3	5	4	3	2	1	1	—	—
6	橡胶坝工程维修养护									
6.1	橡胶袋维修养护	m^2	9	8	6	5	4	3	—	—
6.2	底板、护坡及岸、翼墙混凝土或砌石维修养护	m^3	17	12	11	10	6	2	—	—
6.3	消能防冲设施破损修补	m^3	36	23	17	12	6	3	—	—
7	跌水、陡坡维修养护	元/处	3 500	3 000	2 500	2 000	1 500	1 000	800	500
三	附属设施及管理区维修养护									

续表 4.5.2

序号	维修养护项目	单位	维修养护等级							
			一	二	三	四	五	六	七	八
1	房屋维修养护	m^2	—	—	—	1 950	1 500	1 200	750	450
2	管理区维修养护	m^2	—	—	—	500	400	300	250	200
3	标志牌维修养护	块	—	—	—	20	15	12	10	8
四	绿化保洁维修养护									
1	草皮养护	m^2	—	—	—	1 000	800	600	400	300
2	草皮补植	m^2	—	—	—	400	350	300	200	150
3	水面保洁	万 m^2/次	—	—	—	29	25	19	13	9

4.6 水文监测工程维修养护工作(工程)量

水文监测工程维修养护项目以固定资产原值为基础,采用维修养护率为定额标准计算,不列工作(工程)量。

5 维修养护定额标准

5.1 水库工程维修养护定额标准

5.1.1 水库工程维修养护定额标准

水库工程维修养护基本项目定额标准按表 5.1.1-1 和表 5.1.1-2 执行；水库工程维修养护调整项目定额标准按表 5.1.1-3 执行。

表 5.1.1-1　水库工程(土石坝)维修养护基本项目定额标准　　单位:元/(座·年)

序号	项目编码	维修养护项目	维修养护等级							
			一	二	三	四	五	六	七	八
		总计	716 901	574 884	390 864	293 364	189 659	133 400	90 359	76 288
一	SKJ11	大坝工程维修养护	239 175	188 742	113 603	70 783	39 719	27 050	19 132	10 642
1	SKJ111	坝顶维修养护	15 261	12 208	7 326	5 494	3 052	2 544	1 781	1 424
1.1	SKJ1111(1~8)	坝顶土方养护修整	880	704	423	317	176	147	103	82
1.2	SKJ1112(1~8)	坝顶道路维修养护	14 381	11 504	6 903	5 177	2 876	2 397	1 678	1 342
2	SKJ112	坝坡维修养护	218 833	171 453	102 872	61 884	34 380	22 753	15 928	7 795
2.1	SKJ1121(1~8)	坝坡土方养护修整	18 696	14 533	8 720	5 238	2 910	1 917	1 342	653
2.2	SKJ1122(1~8)	硬护坡维修养护(迎水坡)	148 795	120 045	72 027	43 371	24 095	15 920	11 144	5 421
2.3	SKJ1123(1~8)	草皮护坡养护(背水坡)	37 115	26 657	15 994	9 596	5 331	3 554	2 488	1 244
2.4	SKJ1124(1~8)	草皮补植	14 227	10 218	6 131	3 679	2 044	1 362	954	477
3	SKJ113	防浪墙维修养护	1 521	1 521	913	913	507	507	355	355
3.1	SKJ1131(1~8)	墙体维修养护	1 115	1 115	669	669	372	372	260	260

续表 5.1.1-1

序号	项目编码	维修养护项目	维修养护等级							
			一	二	三	四	五	六	七	八
3.2	SKJ1132(1~8)	伸缩缝维修养护	406	406	244	244	135	135	95	95
4	SKJ114	减压及排(渗)水工程维修养护	3 560	3 560	2 492	2 492	1 780	1 246	1 068	1 068
4.1	SKJ1141(1~8)	减压及排渗工程维修养护	2 670	2 670	1 602	1 602	890	890	712	712
4.2	SKJ1142(1~8)	排水沟维修养护	890	890	890	890	890	356	356	356
二	SKJ12	输、放水设施维修养护	78 991	59 308	44 569	32 882	24 795	19 254	14 852	12 780
1	SKJ121	进水口建筑物维修养护	1 412	1 189	1 115	669	520	297	223	149
1.1	SKJ1211(1~8)	进水塔维修养护	1 412	1 189	1 115	669	520	297	223	149
1.2	SKJ1212(1~8)	卧管维修养护	—	—	—	—	372	223	149	74
2	SKJ122	涵(隧)洞维修养护	50 733	33 561	24 038	14 556	11 474	7 253	6 784	5 236
2.1	SKJ1221(1~8)	洞身维修养护	41 952	26 266	17 545	9 439	7 387	3 817	3 694	2 298
2.2	SKJ1222(1~8)	进出口边坡维修养护	6 080	4 864	4 332	3 496	2 736	2 356	2 280	2 128

续表 5.1.1-1

序号	项目编码	维修养护项目	维修养护等级							
			一	二	三	四	五	六	七	八
2.3	SKJ1223(1~8)	出口消能设施维修养护	2 701	2 431	2 161	1 621	1 351	1 080	810	810
3	SKJ123	闸门维修养护	4 572	3 483	2 554	1 870	1 202	876	736	671
3.1	SKJ1231(1~8)	钢闸门及埋件防腐处理	1 815	1 361	908	605	303	151	97	61
3.2	SKJ1232(1~8)	止水更换	2 223	1 588	1 112	731	365	191	105	76
3.3	SKJ1233(1~8)	闸门行走支承装置维修养护	534	534	534	534	534	534	534	534
4	SKJ124	启闭机维修养护	3 511	2 672	1 832	1 117	733	322	188	163
4.1	SKJ1241(1~8)	机体表面防腐处理	414	322	230	138	92	37	23	19
4.2	SKJ1242(1~8)	钢丝绳维修养护	2 136	1 602	1 068	659	427	178	112	91
4.3	SKJ1243(1~8)	传(制)动系统维修养护	961	748	534	320	214	107	53	53
5	SKJ125	机电设备维修养护	6 230	6 230	4 806	4 806	3 738	3 738	2 492	2 492
5.1	SKJ1251(1~8)	电动机维修养护	1 602	1 602	1 068	1 068	890	890	712	712

续表 5.1.1-1

序号	项目编码	维修养护项目	维修养护等级							
			一	二	三	四	五	六	七	八
5.2	SKJ1252(1~8)	操作系统维修养护	1 246	1 246	1 068	1 068	1 068	1 068	890	890
5.3	SKJ1253(1~8)	配电设施维修养护	890	890	712	712	534	534	356	356
5.4	SKJ1254(1~8)	输变电系统维修养护	1 602	1 602	1 246	1 246	712	712	178	178
5.5	SKJ1255(1~8)	避雷设施维修养护	890	890	712	712	534	534	356	356
6	SKJ126	物料、动力消耗	12 533	12 173	10 224	9 864	7 128	6 768	4 429	4 069
6.1	SKJ1261(1~8)	电力消耗	2 624	2 624	2 394	2 394	1 378	1 378	886	886
6.2	SKJ1262(1~8)	柴油消耗	4 925	4 925	3 694	3 694	2 462	2 462	1 231	1 231
6.3	SKJ1263(1~8)	机油消耗	1 024	1 024	896	896	768	768	512	512
6.4	SKJ1264(1~8)	黄油消耗	3 960	3 600	3 240	2 880	2 520	2 160	1 800	1 440
三	SKJ13	泄洪工程维修养护	238 808	180 708	125 677	99 171	52 019	45 019	26 005	22 496
1	SKJ131	溢洪道维修养护	37 309	20 661	14 394	8 378	4 623	2 743	2 516	1 270
1.1	SKJ1311(1~8)	底板维修养护	27 316	14 717	9 366	5 017	1 873	1 003	803	334

续表 5.1.1-1

序号	项目编码	维修养护项目	维修养护等级							
			一	二	三	四	五	六	七	八
1.2	SKJ1312(1~8)	挡墙维修养护	6 230	3 916	3 738	2 670	2 492	1 602	1 602	890
1.3	SKJ1313(1~8)	伸缩缝、止水设施维修养护	3 763	2 028	1 290	691	258	138	111	46
2	SKJ132	泄洪洞维修养护	48 032	31 130	21 877	12 935	10 123	6 173	5 974	4 426
2.1	SKJ1321(1~8)	洞身维修养护	41 952	26 266	17 545	9 439	7 387	3 817	3 694	2 298
2.2	SKJ1322(1~8)	进出口边坡维修养护	6 080	4 864	4 332	3 496	2 736	2 356	2 280	2 128
3	SKJ133	消能防冲工程维修养护	5 402	5 402	2 701	2 701	2 701	2 701	1 351	1 351
4	SKJ134	闸门维修养护	81 224	62 288	46 795	32 072	13 886	9 313	5 411	3 832
4.1	SKJ1341(1~8)	钢闸门及埋件防腐处理	63 525	48 400	36 300	22 688	7 260	4 538	3 025	1 815
4.2	SKJ1342(1~8)	止水更换	15 563	11 752	8 893	7 782	5 558	3 707	1 852	1 483
4.3	SKJ1343(1~8)	闸门行走支承装置维修养护	2 136	2 136	1 602	1 602	1 068	1 068	534	534
5	SKJ135	启闭机维修养护	41 896	29 199	16 823	16 823	8 251	8 251	4 125	4 125

续表 5.1.1-1

序号	项目编码	维修养护项目	维修养护等级							
			一	二	三	四	五	六	七	八
5.1	SKJ1351(1~8)	机体表面防腐处理	12 420	8 694	4 968	4 968	2 484	2 484	1 242	1 242
5.2	SKJ1352(1~8)	钢丝绳维修养护	19 544	13 777	8 010	8 010	3 845	3 845	1 922	1 922
5.3	SKJ1353(1~8)	传(制)动系统维修养护	9 932	6 728	3 845	3 845	1 922	1 922	961	961
6	SKJ136	机电设备维修养护	35 422	32 752	25 810	21 093	12 727	12 727	6 764	6 764
6.1	SKJ1361(1~8)	电动机维修养护	10 680	9 612	6 942	4 005	2 937	2 937	1 602	1 602
6.2	SKJ1362(1~8)	操作系统维修养护	5 696	4 806	4 450	3 382	2 136	2 136	1 246	1 246
6.3	SKJ1363(1~8)	配电设施维修养护	5 696	5 696	4 272	4 272	2 848	2 848	1 424	1 424
6.4	SKJ1364(1~8)	输变电系统维修养护	8 900	8 900	7 120	7 120	3 560	3 560	1 780	1 780
6.5	SKJ1365(1~8)	避雷设施维修养护	4 450	3 738	3 026	2 314	1 246	1 246	712	712
7	SKJ137	物料、动力消耗	37 555	30 406	19 154	18 104	9 831	9 284	5 838	5 154
7.1	SKJ1371(1~8)	电力消耗	5 904	5 904	3 280	3 280	1 748	1 748	1 112	1 112
7.2	SKJ1372(1~8)	柴油消耗	11 491	9 302	4 514	4 104	3 283	2 736	2 326	1 642
7.3	SKJ1373(1~8)	机油消耗	5 760	5 120	4 160	3 520	1 920	1 920	960	960

续表 5.1.1-1

序号	项目编码	维修养护项目	维修养护等级							
			一	二	三	四	五	六	七	八
7.4	SKJ1374(1~8)	黄油消耗	14 400	10 080	7 200	7 200	2 880	2 880	1 440	1 440
四	SKJ14	附属设施及管理区维修养护	159 927	146 126	107 015	90 528	73 126	42 077	30 370	30 370
1	SKJ1410(1~8)	房屋维修养护	65 718	54 765	46 003	32 859	32 859	8 762	8 762	8 762
2	SKJ142	管理区维修养护	88 744	86 528	56 810	54 202	37 431	30 479	20 562	20 562
2.1	SKJ1421(1~8)	管理区道路维修养护	12 384	10 168	7 822	5 214	5 214	1 304	1 304	1 304
2.2	SKJ1422(1~8)	管理区排水沟维修养护	2 670	2 670	2 136	2 136	1 602	1 602	1 335	1 335
2.3	SKJ1423(1~8)	照明设施维修养护	1 780	1 780	1 424	1 424	1 068	1 068	890	890
2.4	SKJ1424(1~8)	管理区绿化保洁	15 210	15 210	11 408	11 408	10 647	7 605	3 803	3 803
2.5	SKJ1425(1~8)	坝前杂物清理	56 700	56 700	34 020	34 020	18 900	18 900	13 230	13 230
3	SKJ1430(1~8)	围墙、护栏、爬梯、扶手维修养护	2 525	1 893	1 262	1 262	631	631	311	311
4	SKJ1440(1~8)	标志牌维修养护	2 940	2 940	2 940	2 205	2 205	2 205	735	735

表 5.1.1-2 水库工程(混凝土坝)维修养护基本项目定额标准

单位:元/(座·年)

序号	项目编码	维修养护项目	维修养护等级							
			一	二	三	四	五	六	七	八
总计			708 733	490 979	298 482	242 534	173 196	122 852	78 601	69 842
一	SKJ21	大坝工程维修养护	512 165	313 141	165 855	130 414	84 073	66 833	37 999	29 926
1	SKJ211	混凝土坝维修养护	322 048	164 496	61 754	37 335	24 935	17 451	12 161	6 398
1.1	SKJ2111(1~8)	混凝土结构表面裂缝、破损、侵蚀及碳化处理	247 794	125 776	47 166	28 152	18 768	13 064	9 145	4 553
1.2	SKJ2112(1~8)	坝体表面保护层维修养护	56 739	28 800	10 800	6 446	4 297	2 991	2 094	1 042
1.3	SKJ2113(1~8)	坝顶路面维修养护	10 858	5 429	2 036	1 527	1 018	679	475	356
1.4	SKJ2114(1~8)	防浪墙维修养护	1 784	1 784	669	669	446	446	312	312
1.5	SKJ2115(1~8)	伸缩缝、止水及排水设施维修养护	4 873	2 707	1 083	541	406	271	135	135
2	SKJ2120(1~8)	坝下消能防冲工程维修养护	8 103	5 402	2 701	2 701	2 701	2 701	1 351	1 351
3	SKJ213	闸门维修养护	81 224	62 288	46 795	41 147	29 314	19 900	9 949	8 067
3.1	SKJ2131(1~8)	钢闸门及埋件防腐处理	63 525	48 400	36 300	31 763	22 688	15 125	7 563	6 050

续表 5.1.1-2

序号	项目编码	维修养护项目	维修养护等级							
			一	二	三	四	五	六	七	八
3.2	SKJ2132(1~8)	止水更换	15 563	11 752	8 893	7 782	5 558	3 707	1 852	1 483
3.3	SKJ2133(1~8)	闸门行走支承装置维修养护	2 136	2 136	1 602	1 602	1 068	1 068	534	534
4	SKJ214	启闭机维修养护	41 896	29 199	16 823	16 823	8 251	8 251	4 125	4 125
4.1	SKJ2141(1~8)	机体表面防腐处理	12 420	8 694	4 968	4 968	2 484	2 484	1 242	1 242
4.2	SKJ2142(1~8)	钢丝绳维修养护	19 544	13 777	8 010	8 010	3 845	3 845	1 922	1 922
4.3	SKJ2143(1~8)	传(制)动系统维修养护	9 932	6 728	3 845	3 845	1 922	1 922	961	961
5	SKJ215	机电设备维修养护	35 422	32 752	25 810	21 093	12 727	12 727	6 764	6 764
5.1	SKJ2151(1~8)	电动机维修养护	10 680	9 612	6 942	4 005	2 937	2 937	1 602	1 602
5.2	SKJ2152(1~8)	操作系统维修养护	5 696	4 806	4 450	3 382	2 136	2 136	1 246	1 246
5.3	SKJ2153(1~8)	配电设施维修养护	5 696	5 696	4 272	4 272	2 848	2 848	1 424	1 424
5.4	SKJ2154(1~8)	输变电系统维修养护	8 900	8 900	7 120	7 120	3 560	3 560	1 780	1 780
5.5	SKJ2155(1~8)	避雷设施维修养护	4 450	3 738	3 026	2 314	1 246	1 246	712	712

续表 5.1.1-2

序号	项目编码	维修养护项目	维修养护等级							
			一	二	三	四	五	六	七	八
6	SKJ216	物料、动力消耗	23 472	19 004	11 972	11 315	6 145	5 803	3 649	3 221
6.1	SKJ2161(1~8)	电力消耗	3 690	3 690	2 050	2 050	1 093	1 093	695	695
6.2	SKJ2162(1~8)	柴油消耗	7 182	5 814	2 822	2 565	2 052	1 710	1 454	1 026
6.3	SKJ2163(1~8)	机油消耗	3 600	3 200	2 600	2 200	1 200	1 200	600	600
6.4	SKJ2164(1~8)	黄油消耗	9 000	6 300	4 500	4 500	1 800	1 800	900	900
二	SKJ22	输、放水设施维修养护	36 641	31 712	25 612	21 592	15 997	13 942	10 232	9 546
1	SKJ221	进水口建筑物维修养护	1 412	1 189	1 115	669	409	245	164	82
1.1	SKJ2211(1~8)	进水塔维修养护	1 412	1 189	1 115	669	520	297	—	—
1.2	SKJ2212(1~8)	卧管维修养护	—	—	—	—	409	245	164	82
2	SKJ222	涵(隧)洞维修养护	11 516	9 008	7 637	5 732	4 569	3 685	3 331	3 088
2.1	SKJ2221(1~8)	洞身维修养护	2 735	1 713	1 144	615	482	249	241	150
2.2	SKJ2222(1~8)	进出口边坡维修养护	6 080	4 864	4 332	3 496	2 736	2 356	2 280	2 128

续表 5.1.1-2

序号	项目编码	维修养护项目	维修养护等级							
			一	二	三	四	五	六	七	八
2.3	SKJ2223(1~8)	出口消能设施维修养护	2 701	2 431	2 161	1 621	1 351	1 080	810	810
3	SKJ223	闸门维修养护	4 572	3 483	2 554	1 870	1 202	876	736	671
3.1	SKJ2231(1~8)	钢闸门及埋件防腐处理	1 815	1 361	908	605	303	151	97	61
3.2	SKJ2232(1~8)	止水更换	2 223	1 588	1 112	731	365	191	105	76
3.3	SKJ2233(1~8)	闸门行走支承装置维修养护	534	534	534	534	534	534	534	534
4	SKJ224	启闭机维修养护	3 511	2 672	1 832	1 117	733	322	188	162
4.1	SKJ2241(1~8)	机体表面防腐处理	414	322	230	138	92	37	23	18
4.2	SKJ2242(1~8)	钢丝绳维修养护	2 136	1 602	1 068	659	427	178	112	91
4.3	SKJ2243(1~8)	传(制)动系统维修养护	961	748	534	320	214	107	53	53
5	SKJ225	机电设备维修养护	6 230	6 230	4 806	4 806	3 738	3 738	2 492	2 492
5.1	SKJ2251(1~8)	电动机维修养护	1 602	1 602	1 068	1 068	890	890	712	712
5.2	SKJ2252(1~8)	操作系统维修养护	1 246	1 246	1 068	1 068	1 068	1 068	890	890

续表 5.1.1-2

序号	项目编码	维修养护项目	维修养护等级							
			一	二	三	四	五	六	七	八
2.2	SKJ2322(1~8)	管理区排水沟维修养护	2 670	2 670	2 136	2 136	1 602	1 602	1 335	1 335
2.3	SKJ2323(1~8)	照明设施维修养护	1 780	1 780	1 424	1 424	1 068	1 068	890	890
2.4	SKJ2324(1~8)	管理区绿化保洁	15 210	15 210	11 408	11 408	10 647	7 605	3 803	3 803
2.5	SKJ2325(1~8)	坝前杂物清理	56 700	56 700	34 020	34 020	18 900	18 900	13 230	13 230
3	SKJ233	围墙、护栏、爬梯、扶手维修养护	2 525	1 893	1 262	1 262	631	631	311	311
4	SKJ234	标志牌维修养护	2 940	2 940	2 940	2 205	2 205	2 205	735	735

表 5.1.1-3 水库工程维修养护调整项目定额标准

单位:元/年

序号	编码	维修养护项目	计算依据	定额标准
1	SKT01	库区抢险应急设备维修养护	库区抢险应急设施资产	2%
2	SKT02	防汛物资器材维修养护	需要养护的防汛物资采购总价值	1%
3	SKT03	通风机维修养护	固定资产原值	10%
4	SKT04	自备发电机组维修养护	实有功率	128 元/kW
5	SKT05	雨水情测报、安全监测设施及信息化系统维修养护	固定资产原值	8%
6	SKT06	库岸挡墙工程维修养护	按实际工程量计算	403 元/m^3
7	SKT07	坝顶限宽限高拦车墩维修养护	按实际处数计算	200 元/处
8	SKT08	白蚁防治	按防治面积计算	1.2 元/m^2
9	SKT09	防汛专用道路维修养护	按实有数量计算	泥结碎石路面 54.03 元/m^2,其他路面 37.82 元/m^2
10	SKT10	安全鉴定	参照当地类似工程安全鉴定费用计列	
11	SKT11	引水坝及引水渠维修养护	引水坝参照灌区工程的滚水坝、引水渠参照灌区工程的渠道计算	

注:调整项目应当根据水库工程实际情况选取,无相应项目的不予考虑。

5.1.2 水库工程维修养护基本项目定额标准调整系数

水库工程维修养护基本项目定额标准调整系数按表 5.1.2 执行。

表 5.1.2 水库工程维修养护基本项目定额标准调整系数

影响因素				基准	调整对象	符号	调整系数
大坝工程维修养护	土石坝维修养护	土石坝	水库坝高 H_1/m	一～八级水库坝高计算基准 H_m 分别为 100 m、50 m、50 m、30 m、30 m、20 m、20 m 和 10 m	表 5.1.1-1 项目一 2	K_{H1}	$K_{H1}=H_1/H_m$
			水库坝长 L_1/m	一～八级水库坝长计算基准 L_m 分别为 300 m、300 m、180 m、180 m、100 m、100 m、70 m 和 70 m	表 5.1.1-1 项目一	K_{L1}	$K_{L1}=L_1/L_m$
			坡度系数 M_1	2.5	表 5.1.1-1 项目一 2	K_{M1}	$K_{M1}=M_1/M_m$，小于 2.5 不调整
			路面结构形式	混凝土路面	表 5.1.1-1 项目一 1.2	K_{C1}	①沥青路面系数增加 0.1 ②泥结石路面系数增加 0.5
			硬护坡方式	混凝土护坡	表 5.1.1-1 项目一 2.2	K_R	①干砌块石护坡，系数增加 1.0 ②浆砌块石护坡，系数增加 0.5
			使用年限	按照《水利水电工程合理使用年限及耐久性设计规范》(SL 654)	表 5.1.1-1 项目一	K_{Y1}	见总则 1.7

续表 5.1.2

影响因素				基准	调整对象	符号	调整系数
大坝工程维修养护	混凝土坝维修养护	混凝土坝	水库坝高 H_2/m	一～八级水库坝高计算基准 H_m 分别为 100 m、50 m、50 m、30 m、30 m、20 m、20 m 和 10 m	表 5.1.1-2 项目一 1.1、1.2、1.5	K_{H2}	$K_{H2}=H_2/H_m$
			水库坝长 L_2/m	一～八级水库坝长计算基准 L_m 分别为 400 m、400 m、150 m、150 m、100 m、100 m、70 m、70 m	表 5.1.1-2 项目一 1	K_{L2}	$K_{L2}=L_2/L_m$
			坡度系数 M_2	0.8	表 5.1.1-2 项目一 1.1、1.2、1.5	K_{M2}	$K_{M2}=M_2/M_m$，小于 0.8 不调整
			坝顶公路形式	混凝土路面	表 5.1.1-2 项目一 1.3	K_{C2}	沥青路面系数增加 0.1；人行步道系数增加 0.2
			使用年限	按照《水利水电工程合理使用年限及耐久性设计规范》(SL 654)	表 5.1.1-2 项目一 1.2	K_{Y2}	见总则 1.7
		闸门	闸门面积 A_1/m^2	一～八级水库闸门面积计算基准 A_m 分别为 420 m^2、320 m^2、240 m^2、210 m^2、150 m^2、100 m^2、50 m^2、40 m^2	表 5.1.1-2 项目一 3	K_{A1}	调整系数 $K_{A1}=A_{A1}/A_m$
			闸门类型	平板钢闸门	表 5.1.1-2 项目一 3	K_{Z1}	弧形钢闸门调整系数增加 0.1；检修门按同级别工作闸门工作量的 20%计算

续表 5.1.2

影响因素				基准	调整对象	符号	调整系数
大坝工程维修养护	混凝土坝维修养护	启闭机	启闭机数量 N_1/台	一~八级水库启闭机基准数量 N_m 分别为 4、4、3、3、2、2、1、1	表 5.1.1-2 项目一 4	K_{N1}	调整系数 $K_{N1}=N_1/N_m$
		机电设备	机电设备数量 N_2/(台,套)	一~八级水库机电设备基准数量 N_m 分别为 4、4、3、3、2、2、1、1	表 5.1.1-2 项目一 5	K_{N2}	调整系数 $K_{N2}=N_2/N_m$
		物料、动力消耗	启闭次数	基准孔数闸门启闭机年启闭 12 次	表 5.1.1-2 项目一 6	K_{T1}	一~八级单孔闸门启闭次数每增加一次,系数分别增加 1/48、1/48、1/36、1/36、1/24、1/24、1/12、1/12
输、放水设施维修养护	涵(隧)洞		洞线长 L_3/m	一~八级水库涵(隧)基准洞线长 L_m 分别为 460 m、360 m、270 m、180 m、180 m、108 m、108 m、72 m	表 5.1.1-1 项目二 2 表 5.1.1-2 项目二 2	K_{L3}	调整系数 $K_{L3}=L_3/L_m$
			洞周长 S_1/m	一~八级水库涵(隧)断面基准洞周长 S_m 分别为 16 m、12.8 m、11.4 m、9.2 m、7.2 m、6.2 m、6.0 m、5.6 m		K_{S1}	调整系数 $K_{S_1}=S_1/S_m$
			使用年限	按照《水利水电工程合理使用年限及耐久性设计规范》(SL 654)		K_{Y3}	见总则 1.7

续表 5.1.2

影响因素			基准	调整对象	符号	调整系数
输、放水设施维修养护	闸门	闸门面积 A_2/m^2	一～八级进水口水库闸门面积计算基准 A_m 分别为 12 m^2、9 m^2、6 m^2、4 m^2、2 m^2、1 m^2、0.64 m^2、0.4 m^2	表 5.1.1-1 项目二 3 表 5.1.1-2 项目二 3	K_{A2}	调整系数 $K_{A2}=A_2/A_m$
		闸门类型	平板闸门		K_{Z2}	门盖式铸铁钢闸门系数为 1.0，同时删除项目二 4、项目二 5；弧形钢闸门系数为 1.1；检修门按同级别工作闸门工作量的 20%计算
	启闭机	启闭机数量 N_3/台	一～八级水库进水口启闭机基准数量 N_m 均为 1	表 5.1.1-1 项目二 4 表 5.1.1-2 项目二 4	K_{N3}	调整系数 $K_{N3}=N_3/N_m$
		启闭机类型	卷扬式启闭机		K_{J1}	螺杆式启闭机调整系数增加 0.3，液压式启闭机调整系数增加 0.2
	机电设备	机电设备数量 N_4/（台，套）	一～八级水库进水口机电设备基准数量 N_m 均为 1	表 5.1.1-1 项目二 5 表 5.1.1-2 项目二 5	K_{N4}	调整系数 $K_{N4}=N_4/N_m$
	物料、动力消耗	启闭次数	基准孔数闸门启闭机年启闭 12 次	表 5.1.1-1 项目二 6 表 5.1.1-2 项目二 6	K_{T2}	一～八级单孔闸门启闭次数每增加一次，系数分别增加 1/12

续表 5.1.2

影响因素			基准	调整对象	符号	调整系数
泄洪工程维修养护	溢洪道	溢洪道长度 L_4/m	一～八级水库溢洪道基准长度 L_m 分别为 350 m、220 m、210 m、150 m、140 m、90 m、90 m 和 50 m	表 5.1.1-1 项目三 1.1、1.2	K_{L4}	调整系数 $K_{L4}=L_4/L_m$
		溢洪道宽度 B/m	一～八级水库溢洪道基准宽度 B_m 分别为 35 m、30 m、20 m、15 m、6 m、5 m、4 m 和 3 m		K_B	调整系数 $K_B=B/B_m$
		溢洪道类型	混凝土溢洪道		K_Y	浆砌石溢洪道系数为 1.5，天然河道系数为 0.1
		挡墙高度 H_3/m	一～八级水库溢洪道挡墙基准高度 H_m 均为 2 m	表 5.1.1-1 项目三 1.3	K_{H3}	调整系数 $K_{H3}=H_3/H_m$
		挡墙长度 L_5/m	一～八级水库溢洪道挡墙基准长度 L_m 分别为 350 m、220 m、210 m、150 m、140 m、90 m、90 m 和 50 m		K_{L5}	调整系数 $K_{L5}=L_5/L_m$
		挡墙类型	浆砌石挡墙		K_D	混凝土溢洪道系数为 1.1
		使用年限	按照《水利水电工程合理使用年限及耐久性设计规范》(SL 654)	表 5.1.1-1 项目三 1	K_{Y4}	见总则 1.7

续表 5.1.2

影响因素			基准	调整对象	符号	调整系数
泄洪工程维修养护	泄洪洞	洞线长 L_6/m	一~八级水库泄洪基准洞线长 L_m 分别为 460 m、360 m、270 m、180 m、180 m、108 m、108 m、72 m	表 5.1.1-1 项目三 2	K_{L6}	调整系数 $K_{L6}=L_6/L_m$
		洞周长 S_2/m	一~八级水库泄洪基准洞断面周长 S_m 分别为 16 m、12.8 m、11.4 m、9.2 m、7.2 m、6.2 m、6.0 m、5.6 m		K_{S2}	调整系数 $K_{S2}=S_2/S_m$
		使用年限	按照《水利水电工程合理使用年限及耐久性设计规范》(SL 654)		K_{Y5}	见总则 1.7
	闸门	闸门面积 A_3/m^2	一~八级水库溢洪道闸门面积计算基准 A_m 分别为 420 m^2、320 m^2、240 m^2、210 m^2、150 m^2、100 m^2、50 m^2、40 m^2	表 5.1.1-1 项目三 4	K_{A3}	调整系数 $K_{A3}=A_3/A_m$
		闸门类型	平板钢闸门		K_{Z3}	弧形钢闸门调整系数增加 0.1；检修门按同级别工作闸门工作量的 20%计算
	启闭机	启闭机数量 N_5/台	一~八级水库溢洪道启闭机基准数量 N_m 分别为 4、4、3、3、2、2、1、1	表 5.1.1-1 项目三 5	K_{N5}	调整系数 $K_{N5}=N_5/N_m$
		启闭机类型	卷扬式启闭机		K_{J2}	螺杆式启闭机调整系数减少 0.3，液压式启闭机调整系数增加 0.1

续表 5.1.2

影响因素			基准	调整对象	符号	调整系数
泄洪工程维修养护	机电设备	机电设备数量 N_6/（台,套）	一～八级水库溢洪道机电设备基准数量 N_m 分别为 4、4、3、3、2、2、1、1	表 5.1.1-1 项目三 6	K_{N6}	调整系数 $K_{N6}=N_6/N_m$
	物料、动力消耗	启闭次数	基准孔数闸门启闭机年启闭 12 次	表 5.1.1-1 项目三 7	K_{T3}	一～八级单孔闸门启闭次数每增加一次，系数分别增加 1/48、1/48、1/36、1/36、1/24、1/24、1/12、1/12
附属设施及管理区维修养护		使用年限	按照《水利水电工程合理使用年限及耐久性设计规范》（SL 654）	表 5.1.1-1 项目四 表 5.1.1-2 项目三	K_{Y5}	见总则 1.7

5.2 水闸工程维修养护定额标准

5.2.1 水闸工程维修养护定额标准

水闸工程维修养护基本项目定额标准按表 5.2.1-1 执行。水闸工程维修养护调整项目定额标准按表 5.2.1-3 执行。

表 5.2.1-1 水闸工程维修养护基本项目定额标准

单位:元/(座·年)

序号	定额编码	维修养护项目	维修养护等级							
			一	二	三	四	五	六	七	八
合计			1 525 557	1 184 175	745 041	476 497	263 809	180 407	67 984	35 202
一	SZJ01	水闸建筑物维修养护	125 025	98 669	54 662	37 215	20 557	14 604	5 910	3 448
1	SZJ0110(1~8)	土工建筑物维修养护	8 430	7 856	5 978	5 595	3 372	2 989	766	766
2	SZJ0120(1~8)	砌石勾缝修补	12 055	10 126	6 486	4 701	2 821	2 098	1 254	675
3	SZJ0130(1~8)	砌石翻修	24 217	20 342	12 916	9 364	5 812	4 198	2 583	1 292
4	SZJ0140(1~8)	防冲设施抛石处理	10 615	7 961	3 715	2 123	1 062	708	177	177

续表 5.2.1-1

序号	定额编码	维修养护项目	维修养护等级							
			一	二	三	四	五	六	七	八
5	SZJ0150(1~8)	反滤排水设施维修养护	8 647	6 521	3 898	2 339	1 914	1 205	425	213
6	SZJ0160(1~8)	混凝土结构表面裂缝、破损、侵蚀及碳化处理	57 000	42 750	20 045	11 875	5 035	3 135	570	190
7	SZJ0170(1~8)	伸缩缝、止水设施维修养护	4 061	3 113	1 624	1 218	541	271	135	135
二	SZJ02	闸门维修养护	617 133	463 085	259 722	151 324	74 271	46 382	9 493	2 984
1	SZJ0210(1~8)	工作闸门防腐处理	381 150	285 863	141 721	81 826	36 300	22 688	4 538	1 210
2	SZJ0220(1~8)	闸门行走支承装置维修养护	21 360	16 020	11 748	6 942	4 272	2 670	1 068	534
3	SZJ0230(1~8)	工作闸门止水更换	92 110	69 241	46 055	27 315	15 246	9 529	2 223	635
4	SZJ0240(1~8)	闸门埋件维修养护	90 750	68 063	39 930	23 595	13 310	8 319	1 664	605
5	SZJ0250(1~8)	检修门维修养护	31 763	23 898	20 268	11 646	5 143	3 176	0	0
三	SZJ03	启闭机维修养护	221 898	173 099	113 331	74 250	40 079	28 387	6 813	2 899
1	SZJ0310(1~8)	机体表面防腐处理	64 400	48 300	30 360	17 940	8 096	5 060	1 196	552

续表 5.2.1-1

序号	定额编码	维修养护项目	维修养护等级							
			一	二	三	四	五	六	七	八
2	SZJ0320(1~8)	钢丝绳维修养护	73 838	55 379	33 843	19 998	11 691	7 307	2 769	923
3	SZJ0330(1~8)	传(制)动系统维修养护	56 960	42 720	31 328	18 512	11 392	7 120	2 848	1 424
4	SZJ0340(1~8)	检修门启闭机维修养护	26 700	26 700	17 800	17 800	8 900	8 900	0	0
四	SZJ04	机电设备维修养护	208 616	164 650	116 056	77 252	41 296	30 438	13 884	8 544
1	SZJ0410(1~8)	电动机维修养护	113 920	85 440	62 656	37 024	14 240	8 900	3 560	1 780
2	SZJ0420(1~8)	操作设备维修养护	42 720	32 040	23 496	13 884	8 544	5 340	2 136	1 068
3	SZJ0430(1~8)	变、配电设施维修养护	29 904	25 098	13 528	9 968	6 408	4 094	2 492	2 136
4	SZJ0440(1~8)	输电系统维修养护	17 088	17 088	12 816	12 816	10 680	10 680	4 272	2 136
5	SZJ0450(1~8)	避雷设施维修养护	4 984	4 984	3 560	3 560	1 424	1 424	1 424	1 424
五	SZJ05	附属设施维修养护	215 570	173 125	119 048	80 141	47 719	34 373	17 520	8 769
1	SZJ0510(1~8)	检修桥、工作桥维修养护	75 571	56 608	34 350	20 168	9 723	5 986	1 567	643
2	SZJ0520(1~8)	启闭机房维修养护	50 238	37 642	22 746	13 363	6 426	3 943	1 059	438

续表 5.2.1-1

序号	定额编码	维修养护项目	维修养护等级							
			一	二	三	四	五	六	七	八
3	SZJ0530(1~8)	管理区房屋维修养护	54 619	46 587	35 342	26 506	16 868	12 852	9 639	4 819
4	SZJ0540(1~8)	管理区维修养护	19 407	16 553	12 558	9 418	5 993	4 566	3 425	1 712
5	SZJ0550(1~8)	围墙护栏维修养护	15 147	15 147	13 464	10 098	8 415	6 732	1 683	1 010
6	SZJ0560(1~8)	标志牌维修养护	588	588	588	588	294	294	147	147
六	SZJ06	物料、动力消耗	68 105	53 187	38 918	27 409	17 783	11 907	3 284	1 246
1	SZJ0610(1~8)	电力消耗	22 630	19 345	14 454	13 038	9 016	7 198	1 095	226
2	SZJ0620(1~8)	柴油消耗	30 575	22 162	14 774	7 661	3 967	2 189	889	410
3	SZJ0630(1~8)	机油消耗	6 800	5 200	3 840	1 760	1 200	720	400	160
4	SZJ0640(1~8)	黄油消耗	8 100	6 480	5 850	4 950	3 600	1 800	900	450
七	SZJ07	闸室清淤	25 600	19 200	11 264	6 656	2 880	1 500	400	192
八	SZJ08	水面杂物清理	43 610	39 160	32 040	22 250	19 224	12 816	10 680	7 120

注:(1)水库、堤防工程中水闸按水库、堤防相应部分规定进行计算。

(2)泵站工程中水闸参照本水闸部分只计算“闸门维修养护,启闭机维修养护”,并且根据实际情况进行项目删减。

(3)灌区工程中水闸按表 5.2.1-2 计算。

表 5.2.1-2　灌区渠系上涵闸维修养护定额标准

定额编码	维修养护等级	一	二	三	四	五	六	七	八
	基准流量 $Q/(m^3/s)$	—	—	—	35	15	8	4	1
	闸门面积 $A_{基}/m^2$	—	—	—	17.5	7.5	5.5	4	2.5
GQJ0280(1~8)	定额标准/元	—	—	—	29 382	15 164	9 557	3 230	2 020

注:计算时根据该闸门所处渠系的维修养护等级,按实际闸门面积计算调整系数 $K=A_{实}/A_{基}$,再乘相应等级定额标准。

表 5.2.1-3　水闸工程维修养护调整项目定额标准

单位:元

序号	定额编码	维修养护项目	计算依据	定额标准
1	SZT01	工作门启闭机配件更换	启闭机维修养护基本项目费用	10%
2	SZT02	自备发电机组维修养护	实有功率	128 元/kW
3	SZT03	机电设备配件更换	机电设备维修养护基本项目费用	10%
4	SZT04	雨水情测报、安全监测设施及信息化系统维修养护	雨水情测报、安全监测设施及信息化系统资产	8%
5	SZT05	防汛物资维修养护	防汛物资资产	10%
6	SZT06	启闭机及闸门安全检测与评级	参照上一次合同金额或市场价计算	
7	SZT07	白蚁防治	按实有面积计算,单价为 1.0 元/m^2	
8	SZT08	安全鉴定	参照当地类似工程安全鉴定费用计列	

5.2.2 水闸工程维修养护基本项目定额标准调整系数

水闸工程维修养护基本项目定额标准调整系数按表 5.2.2 执行。

表 5.2.2 水闸工程维修养护基本项目定额标准调整系数

序号	影响因素	基准	调整对象	符号	调整系数
1	孔口面积 A	一~八级水闸计算基准孔口面积 A_m 分别为 2 400 m^2、1 800 m^2、910 m^2、525 m^2、240 m^2、150 m^2、30 m^2 和 8 m^2	表 5.2.1-1 项目二	K_A	按对应等别面积比计算，$K_A = A/A_m$
2	孔口数量 N	一~八级水闸计算基准孔口数量 N_m 分别为 40、30、22、13、8、5、2 和 1	表 5.2.1-1 项目三、项目四 1、项目四 2	K_N	$K_N = N/N_m$
3	校核流量	一~八级水闸计算基准流量分别为 10 000 m^3/s、7 500 m^3/s、4 000 m^3/s、2 000 m^3/s、750 m^3/s、300 m^3/s、55 m^3/s 和 7.5 m^3/s	表 5.2.1-1 项目一	K_{Q1}	按直线内插法计算，超过范围按直线外延法
4	闸门类型	平面钢闸门	表 5.2.1-1 项目一	K_M	弧形钢闸门系数增加 0.1；混凝土闸门系数调减 0.3

续表 5.2.2

序号	影响因素	基准	调整对象	符号	调整系数
5	流量小于 10 m^3/s 的水闸	7.5 m^3/s	表 5.2.1-1 项目一~项目八	K_{Q2}	7.5 $m^3/s>Q\geqslant 5$ m^3/s,系数调减 0.6;5 $m^3/s>Q\geqslant 3$ m^3/s,系数调减 0.71;3 $m^3/s>Q\geqslant 1$ m^3/s,系数调减 0.84。上述三个流量段计算基准流量分别为 6 m^3/s、4 m^3/s 和 2 m^3/s,其他流量再采用与基准流量比法对水闸建筑物维修养护项目进行调整
6	启闭机类型	卷扬式启闭机	表 5.2.1-1 项目三	K_{J1}	①螺杆启闭机系数减少 0.3 ②液压式启闭机系数增加 0.1
7	启闭次数	基准孔数闸门年启闭 12 次	表 5.2.1-1 项目六	K_{J2}	一~八级水闸单孔闸门启闭次数每增加一次,系数分别增加 1/480、1/360、1/264、1/156、1/96、1/60、1/24、1/12
8	使用年限	按照《水利水电工程合理使用年限及耐久性设计规范》(SL 654)	表 5.2.1-1 项目一、项目五	K_Y	见总则 1.7

5.3 堤防工程维修养护定额标准

5.3.1 堤防工程维修养护定额标准

堤防工程维修养护基本项目定额标准按表 5.3.1-1 执行。堤防工程维修养护调整项目定额标准按表 5.3.1-2 执行。

表 5.3.1-1 堤防工程维修养护基本项目定额标准 单位:元/(km·年)

序号	项目编码	维修养护项目	维修养护等级							
			一	二	三	四	五	六	七	八
		总计	81 653	76 504	67 798	62 325	49 928	46 331	33 893	30 699
一	DFJ01	堤顶维修养护	25 378	24 918	22 217	21 758	19 056	18 596	15 895	15 435
1	DFJ0110(1~8)	堤肩土方养护修整	2 299	1 839	1 839	1 380	1 380	920	920	460
2	DFJ0120(1~8)	堤顶路面维修养护	16 209	16 209	13 508	13 508	10 806	10 806	8 105	8 105
3	DFJ0130(1~8)	防浪墙维修养护	6 870	6 870	6 870	6 870	6 870	6 870	6 870	6 870
二	DFJ02	堤坡维修养护	48 597	43 908	38 197	33 183	26 665	23 528	17 157	14 423

续表 5.3.1-1

序号	项目编码	维修养护项目	维修养护等级							
			一	二	三	四	五	六	七	八
1	DFJ0210(1~8)	堤坡土方养护修整	4 177	3 755	3 257	2 759	2 299	2 031	1 380	1 150
2	DFJ0220(1~8)	上、下堤道路路面维修养护	1 297	1 135	973	864	351	303	211	173
3	DFJ0230(1~8)	迎水侧护坡维修养护	15 010	13 490	11 495	10 260	8 455	7 410	6 365	5 320
4	DFJ024	背水侧护坡维修养护	25 867	23 282	20 226	17 054	14 212	12 436	8 527	7 106
4.1	DFJ0241(1~8)	草皮护坡养护	24 025	21 622	18 784	15 840	13 200	11 550	7 920	6 600
4.2	DFJ0242(1~8)	草皮补植	1 842	1 660	1 442	1 214	1 012	886	607	506
5	DFJ0250(1~8)	堤脚干砌块石翻修	2 246	2 246	2 246	2 246	1 348	1 348	674	674
三	DFJ03	附属设施维修养护	7 678	7 678	7 384	7 384	4 207	4 207	841	841
1	DFJ0310(1~8)	房屋维修养护	2 191	2 191	2 191	2 191	1 095	1 095	0	0
2	DFJ0320(1~8)	管理区维修养护	2 569	2 569	2 569	2 569	1 284	1 284	0	0
3	DFJ0330(1~8)	围墙护栏维修养护	942	942	942	942	640	640	0	0
4	DFJ0340(1~8)	标志牌维修养护	1 176	1 176	882	882	588	588	441	441
5	DFJ0350(1~8)	限高限速拦车墩维修养护	800	800	800	800	600	600	400	400

表 5.3.1-2　堤防工程维修养护调整项目定额标准

序号	定额编码	维修养护项目	维修养护等级	计算依据	定额标准
1	DFT01	前后戗堤维修养护	宽度:20 m	实有数量	3 268 元/km
			宽度:10 m	实有数量	1 876 元/km
			宽度:5 m	实有数量	977 元/km
2	DFT02	减压井及排渗工程维修养护	各等级	实有数量	712 元/处(km)
3	DFT03	护堤林带养护	各等级	实有数量	0.74 元/棵
4	DFT04	防洪墙维修养护	各等级	实有数量	108.35 元/m^2
5	DFT05	抛石护岸整修	各等级	实有数量	176.92 元/m^3
6	DFT06	排水沟维修养护	各等级	实有数量	7.64 元/m
7	DFT07	护堤地界埂整修	各等级	实有数量	0.29 元/m^2
8	DFT08	穿堤涵闸工程维修养护	各等级	按闸门实有面积计算。闸门面积为 17.5 m^2、7.5 m^2、5.5 m^2、4 m^2、2.5 m^2、1 m^2,对应单价 29 382 元、15 164 元、9 557 元、3 230 元、2 020 元、831 元。面积位于两者之间,采用内插法计算;超过范围按直线外延法计算	

续表 5.3.1-2

序号	定额编码	维修养护项目	维修养护等级	计算依据	定额标准
9	DFT09	泵站工程维修养护	各等级	参照泵站工程维修养护定额标准执行	
10	DFT10	白蚁防治	各等级	实有数量	1 元/m^2
11	DFT11	亲水平台维修养护	各等级	实有数量	226 元/m^2
12	DFT12	堤防隐患探测	一~三级	实际探测深度	普通探测 7.88 元/m 详细探测 10.35 元/m
13	DFT13	堤面保洁	城镇	实有数量	30 元/100 m^2
			农村	实有数量	15 元/100 m^2
14	DFT14	防汛物资维修养护	各等级	防汛物资采购总价值	1%
15	DFT15	雨水情测报、安全监测设施及信息化系统维修养护	各等级	固定资产原值	8%

5.3.2 堤防工程维修养护基本项目定额标准调整系数

堤防工程维修养护定额标准调整系数见表 5.3.2。

表 5.3.2 堤防工程维修养护定额标准调整系数

序号	影响因素	基准	调整对象	符号	调整系数
1	堤身高度 H/m	堤身高度的计算基准 H_m 分别为 10 m、9 m、9 m、8 m、8 m、7 m、6 m、5 m(对应维修养护等级一～八级,下同)	表 5.3.1-1 项目二 1、2、3、4	K_H	$K_H = H/H_m$
2	堤身断面建筑轮廓线长度 L_1/m	堤身断面建筑轮廓线的计算基准 L_{m1} 分别为 81 m、73 m、64 m、55 m、46 m、41 m、32 m、26 m	表 5.3.1-1 项目二 3、4	K_{L1}	$K_{L1} = 1+(L_1-L_{m1})/10\times0.1$
3	堤身土质及结构	壤土质堤防	表 5.3.1-1 项目一 1、项目二 1	K_S	黏性土质系数调减 0.2,干砌石结构系数调减 0.8,混凝土结构、浆砌石结构取消该项目
4	堤顶路面宽度 B/m	堤防堤顶路面宽度的计算基准 B_m 分别为 11 m、10 m、9 m、8 m、7 m、6 m、5 m、4 m	表 5.3.1-1 项目一 1	K_B	$K_B = 1+(B-B_m)/B_m$

续表 5.3.2

序号	影响因素	基准	调整对象	符号	调整系数
5	路面结构	泥结碎石	表 5.3.1-1 项目一 2、项目二 2	K_C	混凝土路面、沥青混凝土路面系数调减 0.2；砖路面系数调减 0.3；花岗岩路面系数取 1；土质路面系数调减 0.5
6	防浪墙长度 L_2/m	堤防防浪墙长度的计算基准 L_{m2} 为 1 000 m	表 5.3.1-1 项目一 3	K_{L2}	$K_{L2}=L_2/L_{m2}$
7	迎水坡结构形式	预制混凝土	表 5.3.1-1 项目二 3	K_{YP}	干砌块石、浆砌块石系数调增 0.2；草皮护坡系数调增 0.35；迎水坡护坡下部为预制混凝土，上部为草皮护坡时系数调增 0.25
8	背水坡结构形式	草皮	表 5.3.1-1 项目二 4	K_{BP}	实行水利工程标准化建设的草皮护坡：位于农村、近郊的堤防系数调增 0.2；位于城镇的堤防系数调增 0.5；无草皮护坡时去除该维修养护项目
9	堤身长度 L_3/m	堤身长度的计算基准 L_{m3} 为 1 000 m	表 5.3.1-1 除项目一 3 外的各项	K_{L3}	$K_{L3}=L_3/L_{m3}$

5.4 泵站工程维修养护定额标准

5.4.1 泵站工程维修养护定额标准

泵站工程维修养护基本项目定额标准按表 5.4.1-1 执行。移动式泵站按实有功率累计计算，按 150 元/kW 计算。

表 5.4.1-1 泵站工程维修养护基本项目定额标准　　单位：元/(座·年)

序号	定额编码	维修养护项目	单位	维修养护等级							
				一	二	三	四	五	六	七	八
总计			元	1 620 069	1 151 178	561 435	375 803	247 796	125 911	74 933	41 102
一	BZJ01	机电设备维修养护	元	955 326	661 982	307 050	178 000	107 334	60 164	31 328	14 596
1	BZJ0110(1~8)	主机组维修养护	元	702 744	471 522	176 220	94 518	48 594	21 360	10 680	3 738
2	BZJ0120(1~8)	输变电系统维修养护	元	45 212	35 244	23 674	17 800	13 528	9 790	6 586	3 382
3	BZJ0130(1~8)	操作设备维修养护	元	135 992	103 596	70 844	38 092	21 894	10 858	7 298	4 628
4	BZJ0140(1~8)	配电设备维修养护	元	68 352	49 306	34 888	26 522	22 428	17 444	6 230	2 492

续表 5.4.1-1

序号	定额编码	维修养护项目	单位	维修养护等级							
				一	二	三	四	五	六	七	八
5	BZJ0150(1~8)	避雷设施维修养护	元	3 026	2 314	1 424	1 068	890	712	534	356
二	BZJ02	辅助设备维修养护	元	192 418	127 092	45 034	24 564	14 596	9 434	6 942	5 162
1	BZJ0210(1~8)	油、气、水系统维修养护	元	152 190	100 392	35 244	19 224	11 036	6 764	4 806	3 560
2	BZJ0220(1~8)	起重设备维修养护	元	15 130	10 146	3 916	2 136	1 424	1 068	712	534
3	BZJ0230(1~8)	拍门、拦污栅等维修养护	元	25 098	16 554	5 874	3 204	2 136	1 602	1 424	1 068
三	BZJ03	泵站建筑物维修养护	元	257 047	189 361	106 075	89 917	57 783	27 513	13 363	6 232
1	BZJ0310(1~8)	泵房维修养护	元	144 580	100 768	46 003	37 459	24 097	10 515	5 257	1 972
2	BZJ0320(1~8)	进出水池(渠)维修养护	元	16 467	12 593	8 072	6 458	5 166	4 198	2 906	2 260
3	BZJ0330(1~8)	进出水池(渠)清淤	元	96 000	76 000	52 000	46 000	28 520	12 800	5 200	2 000
四	BZJ04	附属设施维修养护	元	97 760	70 318	35 879	22 506	14 033	8 199	6 180	4 925
1	BZJ0410(1~8)	管理房屋维修养护	元	36 802	26 287	13 144	7 010	4 162	2 848	1 972	1 314

续表 5. 4. 1-1

序号	定额编码	维修养护项目	单位	维修养护等级							
				一	二	三	四	五	六	七	八
2	BZJ0420(1~8)	管理区维修养护	元	53 941	38 529	19 265	12 329	7 663	4 367	3 510	2 997
3	BZJ0430(1~8)	围墙护栏维修养护	元	6 429	4 914	3 029	2 726	1 767	690	404	320
4	BZJ0440(1~8)	标志牌维修养护	元	588	588	441	441	441	294	294	294
五	BZJ05	物料、动力消耗	元	53 438	38 345	24 677	18 096	11 330	6 361	2 880	1 287
1	BZJ0510(1~8)	电力消耗	元	13 891	11 168	8 446	6 109	4 157	2 591	1 410	648
2	BZJ0520(1~8)	柴油消耗	元	4 070	2 722	1 402	1 026	520	205	82	27
3	BZJ0530(1~8)	机油消耗	元	3 176	2 120	1 008	800	416	240	96	32
4	BZJ0540(1~8)	黄油消耗	元	4 284	2 862	1 422	1 206	603	315	126	45
5	BZJ0550(1~8)	轴承油	元	7 200	4 824	2 376	2 016	1 008	504	202	72
6	BZJ0560(1~8)	密封填料	元	20 817	14 649	10 023	6 939	4 626	2 506	964	463
六	BZJ0600(1~8)	水面杂物清理	元	64 080	64 080	42 720	42 720	42 720	14 240	14 240	8 900

泵站工程维修养护调整项目定额标准按表 5. 4. 1-2 执行。

表 5. 4. 1-2　泵站工程维修养护调整项目定额标准

单位:元

序号	定额编码	维修养护项目	计算依据	定额标准
1	BZT01	自备发电机组维修养护	实有功率	128 元/kW
2	BZT02	机电设备配件更换	机电设备固定资产原值	2%
3	BZT03	辅助设备配件更换	辅助设备固定资产原值	1%
4	BZT04	雨水情测报、安全监测设施及信息化系统维修养护	雨水情测报、安全监测设施及信息化系统固定资产原值	8%
5	BZT05	引水管道工程维修养护	引水管道工程固定资产原值	0. 5%
6	BZT06	进水闸、检修闸工程维修养护	参照水闸工程维修养护定额标准执行(只考虑属于水闸工程部分的闸门维修养护和启闭机维修养护)	
7	BZT07	泵站建筑物及设备等级评定	按实际发生的费用计取(泵站竣工验收后 3 年内进行第一次等级评定,以后每年进行一次等级评定)	
8	BZT08	白蚁防治	按实有面积计算,单价为 1. 0 元/m^2	
9	BZT09	安全鉴定	参照当地类似工程安全鉴定费用计列(泵站竣工验收后 5 年内进行第一次安全鉴定,以后每隔 10 年进行一次安全鉴定)	

5.4.2 泵站工程维修养护基本项目定额标准调整系数

泵站工程维修养护基本项目定额标准调整系数按表 5.4.2 执行。

表 5.4.2 泵站工程维修养护基本项目定额标准调整系数

序号	影响因素	基准	调整对象	符号	调整系数
1	装机功率	一~八级泵站计算基准装机功率分别为 30 000 kW、10 000 kW、7 500 kW、4 000 kW、2 000 kW、750 kW、300 kW 和 50 kW	表 5.4.1-1 项目一、二、三、四、五	K_P	按直线内插法计算，超过范围按直线外延法
2	水泵类型	卧式混流泵	表 5.4.1-1 项目一 1	K_X	K_{X1}：轴流泵系数为 1.1，离心泵系数为 0.9；K_{X2}：立式泵系数为 1.3，斜式泵系数为 1.1；K_{X3}：潜水泵系数为 1.3；$K_X = K_{X1} \times K_{X2} \times K_{X3}$。同一泵站有不同类型的泵按照装机功率加权平均

续表 5.4.2

序号	影响因素	基准	调整对象	符号	调整系数
3	动力类型	电动机	表 5.4.1-1 项目一、项目五 1	K_d	电动机系数为 1；内燃机系数为 0.6；水轮机系数为 0.4
4	近 3 年平均年运行小时数	灌溉泵站 500 h、排水泵站或灌排结合泵站 800 h	表 5.4.1-1 项目一 1	K_s	年运行小时数每增减 1 h，系数相应增减 0.1%
5	接触水体	四类水体或含沙量小于 5 kg/m^3	表 5.4.1-1 项目一 1	K_W	四类水体以下或含沙量大于 5 kg/m^3，系数增加 0.5
6	使用年限	按照《水利水电工程合理使用年限及耐久性设计规范》（SL 654）	表 5.4.1-1 项目三、项目四	K_Y	见总则 1.7

续表 5.1.1-2

序号	项目编码	维修养护项目	维修养护等级							
			一	二	三	四	五	六	七	八
5.3	SKJ2253(1~8)	配电设施维修养护	890	890	712	712	534	534	356	356
5.4	SKJ2254(1~8)	输变电系统维修养护	1 602	1 602	1 246	1 246	712	712	178	178
5.5	SKJ2255(1~8)	避雷设施维修养护	890	890	712	712	534	534	356	356
6	SKJ226	物料、动力消耗	9 400	9 130	7 668	7 398	5 346	5 076	3 321	3 051
6.1	SKJ2261(1~8)	电力消耗	1 968	1 968	1 796	1 796	1 033	1 033	664	664
6.2	SKJ2262(1~8)	柴油消耗	3 694	3 694	2 770	2 770	1 847	1 847	923	923
6.3	SKJ2263(1~8)	机油消耗	768	768	672	672	576	576	384	384
6.4	SKJ2264(1~8)	黄油消耗	2 970	2 700	2 430	2 160	1 890	1 620	1 350	1 080
三	SKJ23	附属设施及管理区维修养护	159 927	146 126	107 015	90 528	73 126	42 077	30 370	30 370
1	SKJ231	房屋维修养护	65 718	54 765	46 003	32 859	32 859	8 762	8 762	8 762
2	SKJ232	管理区维修养护	88 744	86 528	56 810	54 202	37 431	30 479	20 562	20 562
2.1	SKJ2321(1~8)	管理区道路维修养护	12 384	10 168	7 822	5 214	5 214	1 304	1 304	1 304

5.5 灌区工程维修养护定额标准

5.5.1 灌区工程维修养护定额标准

灌区工程维修养护基本项目定额标准按表 5.5.1-1 执行。

表 5.5.1-1 灌区工程维修养护基本项目定额标准　　单位:元/(座·年)

序号	定额编码	维修养护项目	单位	维修养护等级							
				一	二	三	四	五	六	七	八
合计			元	—	—	—	281 797	213 554	174 917	114 845	79 073
一	GQJ01	灌排渠沟工程维修养护	元	—	—	—	51 463	37 964	33 730	25 063	18 380
1	GQJ011	渠(沟)顶维修养护	元	—	—	—	11 392	8 378	8 378	4 824	4 492
1.1	GQJ0111(1~8)	渠(沟)顶土方维修养护	元	—	—	—	4 652	3 323	3 323	1 454	1 122
1.2	GQJ0112(1~8)	渠(沟)顶道路维修养护	元	—	—	—	6 740	5 055	5 055	3 370	3 370
2	GQJ012	渠(沟)边坡维修养护	元	—	—	—	24 746	16 461	13 102	9 614	7 538
2.1	GQJ0121(1~8)	渠(沟)边坡土方维修养护	元	—	—	—	4 943	3 295	2 595	1 565	1 483

续表 5.5.1-1

序号	定额编码	维修养护项目	单位	维修养护等级							
				一	二	三	四	五	六	七	八
2.2	GQJ0122(1~8)	渠(沟)防渗工程维修养护	元	—	—	—	19 091	12 632	9 973	7 693	5 699
2.3	GQJ0123(1~8)	表面杂草清理	元	—	—	—	712	534	534	356	356
3	GQJ0130(1~8)	渠(沟)清淤	元	—	—	—	14 000	12 000	11 200	10 000	6 000
4	GQJ0140(1~8)	水生生物清理	元	—	—	—	1 325	1 125	1 050	625	350
二	GQJ02	灌排建筑物维修养护	元	44 595	32 203	24 180	73 286	54 210	44 359	27 851	22 257
1	GQJ021	渡槽工程维修养护	元	—	—	—	16 494	13 101	11 561	9 732	8 326
1.1	GQJ0211(1~8)	进出口段及槽台维修养护	元	—	—	—	3 349	2 458	2 102	1 639	1 282
1.2	GQJ0212(1~8)	混凝土结构表面裂缝、破损、侵蚀处理	元	—	—	—	4 654	3 419	2 897	2 232	1 709
1.3	GQJ0213(1~8)	伸缩缝维修养护	元	—	—	—	3 925	2 978	2 436	1 895	1 489
1.4	GQJ0214(1~8)	护栏维修养护	元	—	—	—	3 366	3 366	3 366	3 366	3 366
1.5	GQJ0215(1~8)	渡槽清淤	元	—	—	—	1 200	880	760	600	480
2	GQJ022	倒虹吸工程维修养护	元	—	—	—	14 431	9 665	8 284	6 230	4 929

续表 5.5.1-1

序号	定额编码	维修养护项目	单位	维修养护等级							
				一	二	三	四	五	六	七	八
2.1	GQJ0221(1~8)	进出口段维修养护	元	—	—	—	2 707	1 889	1 637	1 259	1 007
2.2	GQJ0222(1~8)	混凝土结构表面裂缝、破损、侵蚀处理	元	—	—	—	641	447	387	298	238
2.3	GQJ0223(1~8)	伸缩缝维修养护	元	—	—	—	6 399	4 465	3 870	2 976	2 382
2.4	GQJ0224(1~8)	拦污栅维修养护	元	—	—	—	1 828	890	668	395	252
2.5	GQJ0225(1~8)	倒虹吸清淤	元	—	—	—	2 856	1 974	1 722	1 302	1 050
3	GQJ023	涵(隧)洞工程维修养护	元	—	—	—	10 622	7 632	6 461	4 970	3 906
3.1	GQJ0231(1~8)	进出口段维修养护	元	—	—	—	2 565	1 884	1 603	1 242	962
3.2	GQJ0232(1~8)	混凝土或砌石结构表面裂缝、破损、侵蚀处理	元	—	—	—	1 216	893	760	589	456
3.3	GQJ0233(1~8)	伸缩缝维修养护	元	—	—	—	3 465	2 545	2 166	1 678	1 354
3.4	GQJ0234(1~8)	拦污栅维修养护	元	—	—	—	856	462	336	201	126
3.5	GQJ0235(1~8)	涵(隧)洞工程清淤	元	—	—	—	2 520	1 848	1 596	1 260	1 008

续表 5.5.1-1

序号	定额编码	维修养护项目	单位	维修养护等级							
				一	二	三	四	五	六	七	八
4	GQJ024	管道工程维修养护	元	—	—	—	12 164	9 662	7 723	6 119	4 596
4.1	GQJ0241(1~8)	进出口段维修养护	元	—	—	—	3 340	2 538	2 004	1 648	1 247
4.2	GQJ0242(1~8)	管网维修养护	元	—	—	—	2 963	2 370	1 778	1 482	1 185
4.3	GQJ0243(1~8)	连接接头维修养护	元	—	—	—	2 079	1 871	1 663	1 455	1 247
4.4	GQJ0244(1~8)	附属件维修养护	元	—	—	—	296	237	178	148	119
4.5	GQJ0245(1~8)	管道清淤	元	—	—	—	3 486	2 646	2 100	1 386	798
5	GQJ025	滚水坝工程维修养护	元	24 943	17 405	12 253	9 844	7 723	6 677	—	—
5.1	GQJ0251(1~8)	结构表面裂缝、破损、侵蚀及碳化处理	元	8 996	7 921	6 926	5 932	4 938	4 072	—	—
5.2	GQJ0252(1~8)	伸缩缝维修养护	元	6 456	4 439	2 647	2 171	1 669	1 658	—	—
5.3	GQJ0253(1~8)	消能防冲设施维修养护	元	8 492	4 246	2 081	1 341	916	747	—	—
5.4	GQJ0254(1~8)	反滤及排水设施维修养护	元	999	799	599	400	200	200	—	—
6	GQJ026	橡胶坝工程维修养护	元	16 152	11 798	9 427	7 731	4 927	2 653	—	—

续表 5.5.1-1

序号	定额编码	维修养护项目	单位	维修养护等级							
				一	二	三	四	五	六	七	八
6.1	GQJ0261(1~8)	橡胶袋维修养护	元	4 500	4 000	3 000	2 500	2 000	1 500	—	—
6.2	GQJ0262(1~8)	底板、护坡及岸、翼墙混凝土或砌石维修养护	元	5 283	3 729	3 419	3 108	1 865	622	—	—
6.3	GQJ0263(1~8)	消能防冲设施破损修补	元	6 369	4 069	3 008	2 123	1 062	531	—	—
7	GQJ0270(1~8)	跌水、陡坡维修养护	元/处	3 500	3 000	2 500	2 000	1 500	1 000	800	500
三	GQJ03	附属设施及管理区维修养护	元	—	—	—	152 464	117 443	93 669	59 803	36 889
1	GQJ0310(1~8)	房屋维修养护	元	—	—	—	142 389	109 530	87 624	54 765	32 859
2	GQJ0320(1~8)	管理区维修养护	元	—	—	—	7 135	5 708	4 281	3 568	2 854
3	GQJ0330(1~8)	标志牌维修养护	元	—	—	—	2 940	2 205	1 764	1 470	1 176
四	GQJ04	绿化保洁维修养护	元	—	—	—	4 584	3 937	3 159	2 128	1 547
1	GQJ0410(1~8)	草皮养护	元	—	—	—	660	528	396	264	198
2	GQJ0420(1~8)	草皮补植	元	—	—	—	2 024	1 771	1 518	1 012	759
3	GQJ0430(1~8)	水面保洁	元	—	—	—	1 900	1 638	1 245	852	590

灌区工程维修养护调整项目定额标准按表 5.5.1-2 执行。

表 5.5.1-2　灌区工程维修养护调整项目定额标准

单位：元

序号	编码	维修养护项目	计算依据	定额标准
1	GQT01	导渗及排渗工程维修养护	实有工程量	133 元/m^3
2	GQT02	护渠林(地)养护	实有工程量	1.0 元/m^2
3	GQT03	橡胶坝金结、机电及控制设备维修养护	金结、机电及控制设备固定资产	5%
4	GQT04	生产桥维修养护	桥面实际维修养护面积	6 元/m^2
5	GQT05	人行桥维修养护	桥面实际维修养护面积	4 元/m^2
6	GQT06	雨水情测报、安全监测设施及信息化系统维修养护	信息化固定资产原值	8%
7	GQT07	围墙护栏维修养护	实有围墙护栏长度	16 元/m
8	GQT08	格栅清污机维修养护	固定资产原值	5%
9	GQT09	限宽限高拦车墩维修养护	实有工程量	200 元/处
10	GQT10	安全护栏维修养护	实有工程量	16.8 元/m
11	GQT11	材料二次转运	按实际需要发生转运计算	
12	GQT12	渠下涵及放水涵维修养护	涵洞直径及实有数量，方形涵按过水面积折算为直径	$d \leq 0.5$ m 为 200 元/处 0.5 m$<d \leq 1.0$ m 为 500 元/处 1.0 m$<d \leq 1.5$ m 为 800 元/处 $d>1.5$ m 为 1 200 元/处
13	GQT13	白蚁防治	局部可能发生的参照堤坝标准按实有量执行	
14	GQT14	灌区涵闸工程维修养护	参照水闸工程维修养护定额标准执行	
15	GQT15	灌区泵站工程维修养护	参照泵站工程维修养护定额标准执行	

5.5.2 灌区工程维修养护基本项目定额标准调整系数

灌区工程维修养护基本项目定额标准调整系数按表 5.5.2 执行。

表 5.5.2 灌区工程维修养护基本项目定额标准调整系数

序号	影响因素	基准	调整对象	符号	调整系数
1	设计过水流量	四~八级灌排沟渠工程和灌排建筑物(除滚水坝和橡胶坝)工程计算基准流量分别为 35 m^3/s、15 m^3/s、8 m^3/s、4 m^3/s、1 m^3/s	表 5.5.1-1 除项目二 5、6 外的各项	K_Q	按系数法计算，系数 $K_Q = Q_{实际}/Q_{对应基准}$
2	渠顶路面	砂石路面	表 5.5.1-1 项目一 1.2	K_C	当为土质路面，调整系数 K_C 取 1.2；当为混凝土路面，调整系数 K_C 取 0.5
3	渠道长度	1 000 m	表 5.5.1-1 项目一	K_{L1}	按系数法计算，系数 $K_{L1} = L_{实际}/1\ 000$
4	渠沟有无护坡和衬砌工程	有护坡和衬砌工程渠沟	表 5.5.1-1 项目一 2.1、2.2	K_{R1}	无护坡和衬砌工程渠沟删除 2.2 项且将 2.1 系数 K_{R1} 增加 0.9，生态护坡将 2.2 项乘 1.2 系数

续表 5.5.2

序号	影响因素	基准	调整对象	符号	调整系数
5	渡槽、倒虹吸、涵(隧)洞、管道长度	100 m	表 5.5.1-1 项目二 1、2、3、4	K_{L2}	按系数法计算,系数 $K_{L2}=L_{实际}/100$
6	渡槽排架高度	四~八级渡槽排架高度计算基准按最大排架高度分别为 15 m、12 m、10 m、9 m、8 m	表 5.5.1-1 项目二 1.2	K_{H1}	按系数法计算,系数 $K_{H1}=H_{实际}/H_{对应基准}$
7	使用年限	按照《水利水电工程合理使用年限及耐久性设计规范》(SL 654)	表 5.5.1-1 项目二和已经衬砌的项目一	K_Y	详见总则 1.7
8	滚水坝坝体体积	一~六级滚水坝工程体积计算基准分别为 32 000 m^3、18 000 m^3、8 750 m^3、5 550 m^3、2 900 m^3、2 200 m^3	表 5.5.1-1 项目二 5	K_V	按系数法计算,系数 $K_V=L_{实际}/L_{对应基准}$
9	滚水坝坝体结构	浆砌块石	表 5.5.1-1 项目二 5.3	K_{R2}	混凝土坝系数调减 0.2;铅丝笼坝系数调减 0.4

续表 5.5.2

序号	影响因素	基准	调整对象	符号	调整系数
10	橡胶坝坝长	一~六级橡胶坝工程坝长计算基准分别为 200 m、160 m、140 m、120 m、100 m、80 m	表 5.5.1-1 项目二 6.2	K_{L3}	按系数法计算，系数 $K_{L3}=L_{实际}/L_{对应基准}$
11	橡胶坝滚水堰长	一~六级橡胶坝工程滚水堰长计算基准分别为 150 m、120 m、100 m、80 m、60 m、40 m	表 5.5.1-1 项目二 6.1、6.3	K_{L4}	按系数法计算，系数 $K_{L4}=L_{实际}/L_{对应基准}$
12	橡胶坝滚水堰高	一~六级橡胶坝工程滚水堰高计算基准分别为 4 m、4 m、4 m、4 m、3 m、2 m	表 5.5.1-1 项目二 6.1~6.3	K_{H2}	按系数法计算，系数 $K_{H2}=H_{实际}/H_{对应基准}$
13	灌溉面积	四~八级附属设施及绿化保洁灌溉面积计算基准分别为 50 万亩、35 万亩、20 万亩、2 万亩、1 万亩	表 5.5.1-1 项目三、项目四	K_F	按系数法计算，系数 $K_F=F_{实际}/F_{对应基准}$

5.6 水文监测工程维修养护定额标准

水文监测工程基础设施和基础设备维修养护经费按固定资产原值与定额标准的乘积计算。水文监测工程维修养护定额标准按表 5.6 执行。

表 5.6　水文监测工程维修养护定额标准

序号	定额编码	维修养护项目	定额标准/%
一	SWSS	基础设施	
1	SWSS01	水文测验河段基础设施	
1.1	SWSS0101	水文测验断面及基线标志	4
1.2	SWSS0102	平面及高程控制标志	4
1.3	SWSS0103	测验码头等基础设施	6
2	SWSS02	水位观测设施	
2.1	SWSS0201	水位自记观测基础设施	4
2.2	SWSS0202	水尺及水尺基础设施	19
3	SWSS03	流量(渡河)测验设施	
3.1	SWSS0301	水文缆道设施	5
3.2	SWSS0302	测流建筑物	1
3.3	SWSS0303	检定设施	2
4	SWSS04	泥沙测验设施	
4.1	SWSS0401	泥沙测验设施	2
4.2	SWSS0402	泥沙分析基础设施	2
5	SWSS05	降水和蒸发观测设施	
5.1	SWSS0501	降水、蒸发观测场基础设施	4
5.2	SWSS0502	降水、蒸发观测仪器基础设施	4
6	SWSS06	水质测验基础设施	
6.1	SWSS0601	水质采样设施	5
6.2	SWSS0602	水质分析基础设施	4
7	SWSS07	供电和通信基础设施	
7.1	SWSS0701	供电、通信基础设施	4

续表 5.6

序号	定额编码	维修养护项目	定额标准/%
7.2	SWSS0702	供电、通信线路	4
8	SWSS08	生产、生活用房及附属设施	
8.1	SWSS0801	生产、生活用房	1
8.2	SWSS0802	生产、生活附属设施	5
9	SWSS09	安全生产及其他设施	
9.1	SWSS0901	避雷设施	9
9.2	SWSS0902	消防设施	9
9.3	SWSS0903	防盗设施	9
9.4	SWSS0904	安全警示、测站标志等设施	5
二	SWSB	基础设备	
1	SWSB01	水位观测仪器设备	
1.1	SWSB0101	水位人工观测设备	4
1.2	SWSB0102	自记水位计	5
1.3	SWSB0103	水温计	4
2	SWSB02	流量测验仪器设备	
2.1	SWSB0201	水文缆道	4
2.2	SWSB0202	水文测船	4
2.3	SWSB0203	流速测验仪器设备	4
2.4	SWSB0204	其他流量测验设备	4
3	SWSB03	泥沙测验分析仪器设备	
3.1	SWSB0301	泥沙采样仪器设备	4
3.2	SWSB0302	泥沙处理仪器设备	4
3.3	SWSB0303	泥沙颗粒分析仪器设备	4

续表 5.6

序号	定额编码	维修养护项目	定额标准/%
4	SWSB04	降水、蒸发观测仪器设备	4
5	SWSB05	水质测验仪器设备	
5.1	SWSB0501	水质采样、储存仪器设备	5
5.2	SWSB0502	水质移动实验室、自动监测站仪器设备	5
5.3	SWSB0503	实验室水质分析仪器设备	4
6	SWSB06	地下水及土壤墒情测验仪器设备	
6.1	SWSB0601	地下水测验仪器设备	4
6.2	SWSB0602	土壤墒情测验仪器设备	4
7	SWSB07	测绘仪器设备	
7.1	SWSB0701	光学测量仪器设备	6
7.2	SWSB0702	电子测绘仪器设备	4
8	SWSB08	交通通信设备	
8.1	SWSB0801	防汛、巡测交通设备	4
8.2	SWSB0802	通信设备	9
9	SWSB09	水文软件	
9.1	SWSB0901	水文分析软件	10
9.2	SWSB0902	水文管理软件	10
10	SWSB10	其他仪器设备	
10.1	SWSB1001	办公仪器设备	10
10.2	SWSB1002	动力设备	9
10.3	SWSB1003	安全设备	9
10.4	SWSB1004	生活附属设备	10

第2篇

编制细则

1　维修养护经费预算文件组成

维修养护经费预算文件由编制说明、维修养护经费计算表两部分组成。

1.1　编制说明

编制说明应包括以下内容：

(1)工程概况。包括工程名称、工程类别、工程位置、工程任务及规模、主要建筑物级别、工程特性、工程前三年维修养护情况(包括资金来源、使用情况及存在问题、维修养护模式等)。

(2)管理机构基本情况。包括主管单位、管理单位性质、主要职能、机构设置和人员编制状况,以及工程管理现状等。

(3)编制依据。包括基本项目、调整项目的计算依据。

(4)预算说明。说明年度预算主要维修养护项目名称及内容、技术方案、经费预算、资金来源及使用计划等。

(5)其他说明。其他需要补充说明的事项。

1.2　维修养护经费计算表

(1)维修养护经费预算总表。

(2)维修养护基本项目经费计算表。

(3)维修养护调整项目经费计算表。

(4)其他经费计算表。

2 维修养护经费组成

2.1 维修养护基本项目经费

维修养护基本项目是指按常规岁修发生且能以固定金额具体体现在定额标准中的项目。

维修养护基本项目经费采用费用定额的形式,套用维修养护基本项目定额标准测算所得,在一定的基准条件下,该项费用相对固定。

2.2 维修养护调整项目经费

维修养护调整项目是指维修养护基本项目以外,需补充的维修养护项目,根据工程实际情况填报。

维修养护调整项目经费不能直接固定费用,需要通过实际发生量或采取固定资产原值的百分率进行测算。

2.3 其他经费

其他经费是指招标代理或政府采购费、预算编制费、结算审核费等,若实际未发生不计算。

3 维修养护经费计算规定

3.1 维修养护基本项目经费

维修养护基本项目经费预算编制按照《定额标准》执行，并做以下说明。

3.1.1 一般规定

(1)维修养护基本项目经费计算按照《定额标准》第5章定额标准数值及调整系数综合考虑。

维修养护基本项目的参数与《定额标准》中计算基准相同时，按照计算基准对应的定额标准进行计算；与《定额标准》中计算基准不同时，应按照《定额标准》中规定的定额标准数值与调整系数相乘算得。若某维修养护基本项目有多个调整系数，系数连乘作为该项目综合调整系数。

(2)工程使用年限。

①按照《水利水电工程合理使用年限及耐久性设计规范》(SL 654)中永久性水工建筑物的合理使用年限执行，换算至维修养护各等级的使用年限见表3.1.1。

表3.1.1 水利工程各维修养护等级使用年限

维修养护等级	一	二	三	四	五	六	七	八
水库大坝及泄水建筑物	150	100	50	50	50	50	50	50
泵站、水闸(除金结、机电)	100	100	50	50	30	30	30	30
灌排建筑物及灌溉渠道	50	50	50	50	30	30	20	20

注：水文监测工程基础设施和基础设备使用年限参照《水文基础设施及技术装备管理规范》执行。

②项目建成后未除险加固的工程使用年限以建成运行后次年作为维修养护计算基准年的起算年份,建成后经除险加固的工程使用年限以最近一次除险加固完成后次年作为维修养护计算基准年的起算年份。

③水库、水闸、泵站和灌区工程中的部分维修养护项目经费测算需考虑工程使用年限,具体如下。

水库工程:土石坝主体工程、混凝土坝主体工程和坝下消能防冲设施,输、放水设施中的进水口和涵(隧)洞,泄洪工程中的溢洪道、泄洪洞和消能设施,附属设施及管理区。

水闸工程:水闸建筑物、附属设施。

泵站工程:泵站建筑物、附属设施。

灌区工程:灌排建筑物和已经衬砌的灌溉渠道。

(3)管理区房屋指办公用房、防汛仓库和生产文化福利设施。

3.1.2　维修养护基本项目经费计算规定

3.1.2.1　水库工程

(1)坝型。

不同坝型的水库工程维修养护基本项目经费按照《定额标准》中对应的土石坝、混凝土坝进行分类计算,详见表3.1.2。

表3.1.2　水库大坝套用定额的坝型分类

土石坝	均质土坝	
	心墙坝	黏土心墙坝、沥青混凝土心墙坝、混凝土心墙坝、黏土斜墙坝、土工膜斜墙坝、混凝土斜墙坝
	堆石坝	混凝土面板堆石坝、沥青混凝土面板堆石坝
混凝土坝	重力坝	混凝土重力坝、浆砌石重力坝
	拱坝	混凝土拱坝、浆砌石拱坝
	支墩坝	混凝土平板坝、大头坝、连拱坝,浆砌石平板坝、大头坝、连拱坝

(2)坝长。

坝长指主(副)坝的坝顶两端之间沿坝轴线的长度。

(3)坝高。

坝高指坝的最低建基面(不包括局部深槽)至坝顶的高度。

(4)闸门。

水库工程闸门指溢洪道、泄洪洞等泄水建筑物及输放水建筑物工作闸门。

(5)启闭机。

水库工程启闭机是指溢洪道、泄洪洞等泄水建筑物及输放水建筑物的闸门启闭机。

(6)机电设备。

水库工程机电设备是指溢洪道、泄洪洞等泄水建筑物、输放水建筑物机电设备,包括电动机、操作设备、配电设施、输变电系统、避雷系统等全部机电设备,不包括发电设备及附属机电设备。

3.1.2.2 **水闸工程**

(1)孔口面积计算。

以设计孔口面积为准,船闸参与泄洪时,船闸孔口面积计入总面积。设计孔口面积按以下规定计算:

开敞式:孔口面积=孔口总净宽×(校核洪水位-闸底板顶高程)

胸墙式:孔口面积=孔口总净宽×(胸墙底高程-闸底板顶高程)

涵洞式:孔口面积=涵洞断面面积

(2)孔口数量。

船闸参与泄洪时,计入水闸孔口数量;船闸不参与泄洪时,不计入孔口数量。

(3)流量。

流量为校核洪水标准的下泄流量,无校核洪水标准时为设计洪水标准的下泄流量。

计算水闸建筑物维修养护经费时,依据流量和定额计算基准,确定调整计算方法。当流量在定额计算基准范围内时,按直线内插法计算;当流量超过定额基准的上限时,按照直线外延法计算;当流量小于7.5

m^3/s 时，按照《定额标准》表 5.2.4 第 5 项的规定调整。

(4) 闸门类型调整。

水闸闸门以平面钢闸门为基准，其他类型按《定额标准》表 5.2.4 第 4 项进行调整，检修闸门不做调整。

3.1.2.3 堤防工程

(1) 堤身高度。

堤身高度为堤轴线处堤顶高程与基础底高程之差。

维修养护经费计算时取堤防的平均高度，不含堤外坡基础、大放脚等。当堤线较长、不同堤段堤高相差较大时，可分段加权平均计算堤高。

(2) 堤身断面建筑轮廓线长度。

堤身断面建筑轮廓线长度为堤顶宽度、迎水坡及背水坡长度之和，戗堤长度不计入。迎水坡长度指堤顶至戗堤顶高程以上的平均长度，没有戗堤的为护脚顶高程以上的平均长度；背水坡长度是指堤顶至背水坡堤脚顶高程的平均长度。

(3) 堤顶路面与公路相结合的，应经相关部门批准和验收，在明确由水利部门管理的前提下，列入维修养护项目范围。

3.1.2.4 泵站工程

(1) 泵站装机功率指包括备用机组在内的单站装机功率。

(2) 泵站工程进出水池(渠)清淤指清理泵室及其上、下游侧的淤积物，以维持泵站的正常引水或排涝需要。

(3) 泵站工程维修养护等级划分以装机功率为主要指标，当泵站装机功率与定额计算基准不同时，维修养护定额标准按《定额标准》表 5.4.3 的第 1 项调整。

(4) 当水泵类型不同时，维修养护定额标准按照《定额标准》表 5.4.3 的第 2 项调整。水泵类型按工作原理分为离心泵、混流泵、轴流泵；按泵轴装置方式分为卧式泵、斜式泵、立式泵；按工作环境分为潜水泵、地上泵；其他分类方式不予考虑。

(5) 当泵站主机组动力类型不同时，维修养护定额标准按照《定额标准》表 5.4.3 的第 3 项调整。动力类型分为电动机、内燃机、水轮机。

(6)当泵站近3年平均年运行小时数不同时,维修养护定额标准按照《定额标准》表5.4.3的第4项调整。

(7)当水泵接触水体不同时,维修养护定额标准按照《定额标准》表5.4.3的第5项调整。

(8)当泵站工程使用年限不同时,维修养护定额标准按照《定额标准》表5.4.3的第6项调整。

(9)移动式泵站按实有功率累计计算维修养护经费,按150元/kW计算。

3.1.2.5 灌区工程

(1)灌区工程清淤。包括渠沟、渡槽、倒虹吸、涵(隧)洞、管道过水沿线及沉沙池等清淤。

(2)渡槽工程的排架计入在结构表面裂缝、破损、侵蚀及碳化处理中,不再单独列项。

(3)附属工程及管理区、绿化保洁维修养护以灌区渠首最大流量确定所属等级,按灌区实际灌溉面积与相应等级的计算基准灌溉面积之比确定调整系数。

3.1.2.6 水文监测工程

水文监测工程维修养护包括基础设施维修养护和基础设备维修养护,定额标准以维修养护费率表示,维修养护经费为固定资产原值与定额标准的乘积。其中,固定资产原值按省水文中心所属各预算单位固定资产管理系统中各类资产原值为准,不属于水文测报业务范围内的固定资产不纳入计算范围。

3.2 维修养护调整项目经费

维修养护调整项目经费预算编制按照《定额标准》执行,并做以下说明。

3.2.1 一般规定

(1)维修养护调整项目经费根据《定额标准》按实有项目、实际工程量和定额标准相关规定计算。

(2)固定资产的计算。

①按固定资产百分比计算维修养护费用的项目,其固定资产以固定资产原值为计算依据。

②若工程设备采用以租代建的方式进行后期的运行维护,可参照以租代建合同确定该设备维修养护经费。

③若工程设备已实施更新改造,则该设备的固定资产原值按更新改造后的固定资产原值作为计算依据。

(3)安全鉴定费。

安全鉴定指水库、水闸、泵站等工程达到规定的运行年限后,采取必要的勘察措施,对工程使用安全进行鉴定。安全鉴定工作内容和鉴定周期及鉴定经费的编制与申报,按水利部和湖南省的相关规定执行。水利工程运行期间需要安全鉴定时,应按有关规定并结合工程实际编制预算并报批,手续完备后列入下一年度计划。

安全鉴定费参照上次安全鉴定费用或其他类似工程安全鉴定费用确定,对于一次性评估同类项目较多的工程,可以根据实际情况乘以小于1.0的系数。

3.2.2 维修养护调整项目经费计算规定

3.2.2.1 水库工程

(1)雨水情测报、安全监测设施及信息化系统维修养护。

雨水情测报、安全监测设施及信息化系统指雨水情测报设施及系统、安全监测设施及系统、视频监控设施及系统、运行管理平台等。其经费按照固定资产的百分比进行计算。

(2)引水坝及引水渠维修养护。

引水坝及引水渠维修养护指有外引面积水库的引水坝及引水渠维修养护。引水坝维修养护经费参照灌区滚水坝维修养护经费计算,引水渠维修养护经费参照灌区渠道工程维修养护经费计算。

3.2.2.2 水闸工程

(1)自备发电机组维修养护。

自备发电机组指为满足防汛需要,确保闸门在紧急状态下正常启闭的备用发电机组,其维修养护经费按实有功率和《定额标准》计算。

(2)当水闸工程水下部分闸室及其上下游连接设施需堵水检查时,修筑临时围堰的费用另行计算。

3.2.2.3 **堤防工程**

(1)前后戗堤维修养护。

戗堤的宽度按前后戗堤宽度累计计算,不包括堤内地面高程以下的堤防基础及护脚。

(2)护堤林带养护。

护堤林带养护是指堤防内侧、工程管理范围内的防护林(不含堤防保护范围的各种林木)的养护。

(3)白蚁防治。

白蚁防治以实有防治面积计算,防治范围为工程区及管理区。

(4)堤防隐患探测。

堤防隐患探测指按照堤防管理规范要求进行的隐患探测,包括普通探测和详细探测两类。

3.2.2.4 **泵站工程**

泵站工程中进水闸、检修闸维修养护参照水闸工程维修养护定额标准执行。

3.2.2.5 **灌区工程**

(1)护渠林(地)养护指渠道两侧、管理范围内护渠林(地)的养护,养护工程量按树木的实有数量计算,不包括林木的大面积补植。

(2)生产桥、人行桥维修养护指灌区管理范围内的生产桥、人行桥等桥梁维修养护,不包括已移交公路部门或当地乡、镇管理的桥梁,维修养护工程量按桥梁实有面积计算,包括桥台顶面积,不包括接线道路面积。

(3)灌区工程中泵站及水闸工程维修养护经费参照泵站工程及水闸工程维修养护定额标准执行。

3.2.2.6 **水文监测工程**

水文监测工程不计调整项目。

3.3　其他经费

其他经费是指招标代理或政府采购费、预算编制费、结算审核费等,经费计算参照《湖南省关于规范工程造价咨询服务收费的意见》(湘价协 2016 年 25 号)执行。实际未发生的不计算。

3.4　其他说明

定额编码说明:

水库、水闸、堤防、泵站、灌区工程的基本项目为七级 8 位编码、调整项目为三级 5 位编码;水文监测工程为四级 8 位编码。其中:

一级编码:水库-SK,水闸-SZ,堤防-DF,泵站-BZ,灌区-GQ,水文-SW。

二级编码:基本项目-J,调整项目-T,基础设施-SS,基础设备-SB。

三级编码:水库(土石坝-1,混凝土坝-2),水闸、堤防、泵站、灌区-0,水文监测、其他工程的调整项目-(1-01,2-02,3-03,…)。

四级编码:水库、水闸、堤防、泵站、灌区工程(一-1,二-2,三-3,四-4,…);水文监测-(1.1-01,1.2-02,1.3-03,…)。

五级编码:1-1,2-2,3-3,…

六级编码:1.1-1,1.2-2,1.3-3,…

七级编码:1-维养一级,2-维养二级,3-维养三级,…

如:水库基本项目编码 SKJ11111,表示水库工程基本项目土石坝坝顶维修养护一级定额标准。水库调整项目编码 SKT01,表示水库工程调整项目库区抢险应急设备维修养护定额标准。水文监测工程编码 SWSS0101,表示水文监测工程基础设施水文测验断面及基线标志定额标准。

详见图 3.4-1~图 3.4-3。

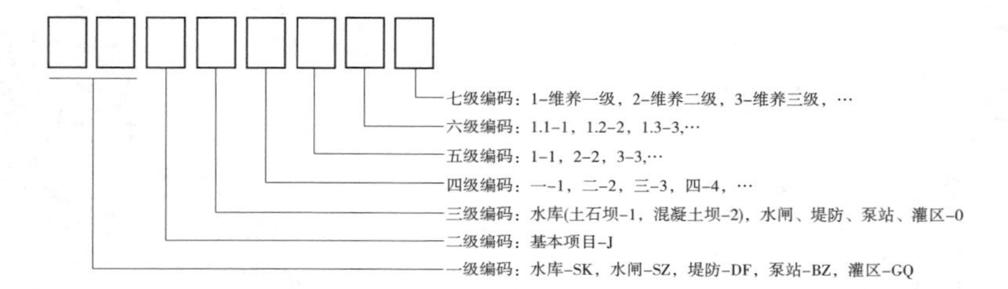

图 3.4-1　水库、水闸、堤防、泵站、灌区工程基本项目定额编码

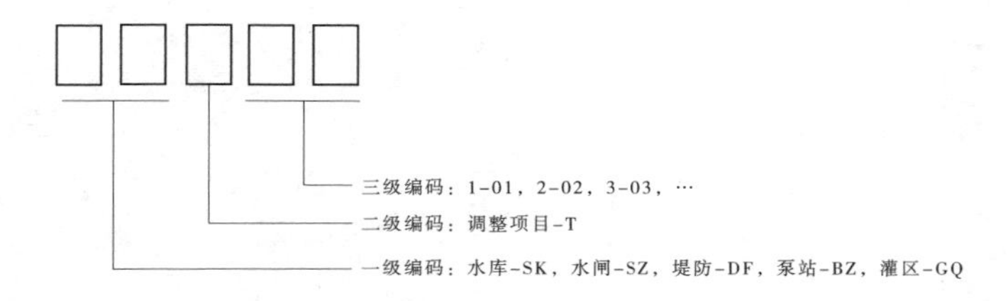

图 3.4-2　水库、水闸、堤防、泵站、灌区工程调整项目定额编码

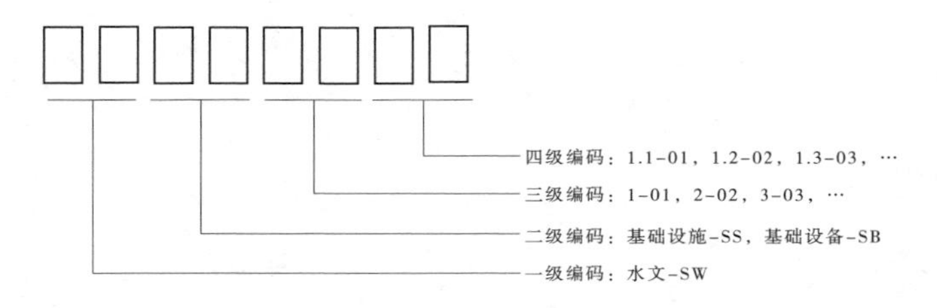

图 3.4-3　水文监测工程定额编码

附　件

维修养护经费预算书参考封面

湖南省××市××区(县)××工程

____年度维修养护经费

预 算 书

编制单位：

管理单位：

主管单位：

二〇　　年　　月

维修养护经费预算书参考扉页

湖南省××市××区(县)××工程

____年度维修养护经费

预 算 书

审　定：

审　核：

校　核：

编　制：

维修养护项目经费预算编制说明

工程名称：

编制说明应包括以下内容：

(1)工程概况。包括工程名称、工程类别、工程位置、工程任务、工程规模、主要建筑物级别、工程特性、工程前三年维修养护情况(包括资金来源、使用情况及存在问题等)。

(2)管理机构基本情况。包括主管单位、管理单位性质、主要职能、机构设置和人员编制状况,以及工程管理现状、固定资产、维修养护模式等。

(3)编制依据。包括基本项目、调整项目的计算依据。

(4)预算说明。说明年度预算主要维修养护项目名称及内容、技术方案、经费预算、资金来源及使用计划等。

(5)其他说明。其他需要补充说明的事项。

(本页根据需要可加页)

附表 1　维修养护经费预算总表

序号	工程名称	基本项目经费	调整项目经费	其他经费	小计/元	地区调整系数	总计/元	备注

附表 2　维修养护经费计算表

附表 2.1.1　水库工程维修养护基本项目经费计算表(土石坝)

<table>
<tr><td rowspan="11">工程概况</td><td>工程名称</td><td></td><td>工程所在地</td><td></td><td>管理单位</td><td></td><td>主管部门</td><td></td></tr>
<tr><td>总库容/万 m^3</td><td></td><td>工程规模</td><td></td><td>大坝类型</td><td></td><td rowspan="2">维修养护等级</td><td rowspan="2"></td></tr>
<tr><td rowspan="3">大坝主体工程</td><td rowspan="3">土石坝</td><td>坝顶轴线长/m</td><td></td><td>最大坝高/m</td><td></td></tr>
<tr><td>路面结构形式</td><td></td><td>硬护坡方式</td><td></td><td>坡度系数</td><td></td></tr>
<tr><td>使用年限</td><td colspan="5"></td></tr>
<tr><td rowspan="6">输、放水设施</td><td>输放水建筑物</td><td>洞线长/m</td><td colspan="2"></td><td>洞周长/m</td><td colspan="2"></td></tr>
<tr><td>闸门</td><td>闸门面积/m^2</td><td colspan="2"></td><td>闸门类型</td><td colspan="2"></td></tr>
<tr><td>启闭机</td><td>启闭机数量/台</td><td colspan="2"></td><td>启闭机类型</td><td colspan="2"></td></tr>
<tr><td>机电设备</td><td>机电设备数量/(台,套)</td><td colspan="5"></td></tr>
<tr><td>物料、动力消耗</td><td>启闭次数</td><td colspan="5"></td></tr>
<tr><td colspan="2">使用年限</td><td colspan="5"></td></tr>
</table>

续附表 2.1.1

<table>
<tr><td rowspan="8">工程概况</td><td rowspan="7">泄洪工程</td><td>溢洪道</td><td>长度/m</td><td></td><td>宽度/m</td><td></td><td>溢洪道类型</td><td></td></tr>
<tr><td>泄洪洞</td><td>洞线长/m</td><td colspan="2"></td><td>洞周长/m</td><td colspan="2"></td></tr>
<tr><td>闸门</td><td>闸门面积/m²</td><td colspan="2"></td><td>闸门类型</td><td colspan="2"></td></tr>
<tr><td>启闭机</td><td>启闭机数量/台</td><td colspan="2"></td><td>启闭机类型</td><td colspan="2"></td></tr>
<tr><td>机电设备</td><td>机电设备数量/(台,套)</td><td colspan="5"></td></tr>
<tr><td>物料、动力消耗</td><td>启闭次数</td><td colspan="5"></td></tr>
<tr><td colspan="2">使用年限</td><td colspan="5"></td></tr>
<tr><td>附属设施及管理区维修养护</td><td colspan="2">使用年限</td><td colspan="5"></td></tr>
</table>

续附表 2.1.1

序号	维修养护项目（基本）	定额标准/元	调整系数			维修养护经费/元
			影响因素	单项调整系数	综合调整系数	
一	大坝工程维修养护					
1	坝顶维修养护					
1.1	坝顶土方养护修整		坝长			
1.2	坝顶道路维修养护		坝长			
			使用年限			
			路面结构形式			
2	坝坡维修养护					
2.1	坝坡土方养护修整		坝长			
			坝高			
			坡度系数			
			使用年限			
2.2	硬护坡维修养护		坝长			
			坝高			
			坡度系数			
			使用年限			
			硬护坡方式			
2.3	草皮护坡养护		坝长			
			坝高			
			坡度系数			

续附表 2.1.1

序号	维修养护项目（基本）	定额标准/元	调整系数			维修养护经费/元
			影响因素	单项调整系数	综合调整系数	
2.4	草皮补植		坝长			
			坝高			
			坡度系数			
3	防浪墙维修养护		坝长			
			使用年限			
3.1	墙体维修养护		坝长			
			使用年限			
3.2	伸缩维修养护		坝长			
			使用年限			
4	减压及排(渗)水工程维修养护					
4.1	减压及排渗工程维修养护		坝长			
			使用年限			
4.2	排水沟维修养护		坝长			
			使用年限			
二	输、放水设施维修养护					
1	进水口建筑物维修养护					
1.1	进水塔维修养护		使用年限			
1.2	卧管维修养护		使用年限			
2	涵(隧)洞混凝土维修养护					
2.1	洞身维修养护		洞线长			
			洞周长			
			使用年限			
2.2	进出口边坡维修养护		使用年限			
2.3	出口消能设施维修养护		使用年限			

续附表 2.1.1

序号	维修养护项目（基本）	定额标准/元	调整系数			维修养护经费/元
			影响因素	单项调整系数	综合调整系数	
3	闸门维修养护					
3.1	钢闸门及埋件防腐处理		闸门面积			
			闸门类型			
3.2	止水更换		闸门面积			
			闸门类型			
3.3	闸门行走支承装置维修养护		闸门面积			
			闸门类型			
4	启闭机维修养护					
4.1	机体表面防腐处理		启闭机数量			
			启闭机类型			
4.2	钢丝绳维修养护		启闭机数量			
			启闭机类型			
4.3	传(制)动系统维修养护		启闭机数量			
			启闭机类型			
5	机电设备维修养护					
5.1	电动机维修养护		电动机数量			
5.2	操作系统维修养护		设备套数			
5.3	配电设施维修养护		不调整			
5.4	输变电系统维修养护		不调整			
5.5	避雷设施维修养护		不调整			

续附表 2.1.1

序号	维修养护项目（基本）	定额标准/元	调整系数			维修养护经费/元
			影响因素	单项调整系数	综合调整系数	
6	物料、动力消耗					
6.1	电力消耗		启闭次数			
6.2	柴油消耗		启闭次数			
6.3	机油消耗		启闭次数			
6.4	黄油消耗		启闭次数			
三	泄洪工程维修养护					
1	溢洪道维修养护					
1.1	底板维修养护		溢洪道长度			
			溢洪道宽度			
			溢洪道类型			
			使用年限			
1.2	挡墙维修养护		挡墙长度			
			挡墙高度			
			挡墙类型			
			使用年限			
1.3	伸缩缝、止水设施维修养护		溢洪道长度			
			溢洪道宽度			
			使用年限			
2	泄洪洞维修养护					

续附表 2.1.1

序号	维修养护项目（基本）	定额标准/元	调整系数			维修养护经费/元
			影响因素	单项调整系数	综合调整系数	
2.1	洞身维修养护		洞线长			
			洞周长			
			使用年限			
2.2	进出口边坡维修养护		使用年限			
3	消能设施维修养护		使用年限			
4	闸门维修养护					
4.1	钢闸门及埋件防腐处理		闸门面积			
			闸门类型			
4.2	止水更换		闸门面积			
			闸门类型			
4.3	闸门行走支承装置维修养护		闸门面积			
			闸门类型			
5	启闭机维修养护					
5.1	机体表面防腐处理		启闭机数量			
			启闭机类型			
5.2	钢丝绳维修养护		启闭机数量			
			启闭机类型			
5.3	传(制)动系统维修养护		启闭机数量			
			启闭机类型			
6	机电设备维修养护					
6.1	电动机维修养护		电动机数量			

续附表 2.1.1

序号	维修养护项目（基本）	定额标准/元	调整系数			维修养护经费/元
			影响因素	单项调整系数	综合调整系数	
6.2	操作系统维修养护		设备套数			
6.3	配电设施维修养护		不调整			
6.4	输变电系统维修养护		不调整			
6.5	避雷设施维修养护		不调整			
7	物料、动力消耗					
7.1	电力消耗		启闭次数			
7.2	柴油消耗		启闭次数			
7.3	机油消耗		启闭次数			
7.4	黄油消耗		启闭次数			
四	附属设施及管理区维修养护					
1	房屋维修养护		使用年限			
2	管理区维修养护					
2.1	管理区道路维修养护		使用年限			
2.2	管理区排水沟维修养护		使用年限			
2.3	照明设施维修养护		使用年限			
2.4	管理区绿化保洁		使用年限			
2.5	坝前杂物清理		使用年限			
3	围墙、护栏、爬梯、扶手维修养护		使用年限			
4	标志牌维修养护		使用年限			
合计						

附表 2.1.2　水库工程维修养护基本项目经费计算表(混凝土坝)

<table>
<tr><td rowspan="9">工程概况</td><td>工程名称</td><td></td><td>工程所在地</td><td></td><td>管理单位</td><td></td><td>主管部门</td><td></td></tr>
<tr><td>总库容/万 m^3</td><td></td><td>工程规模</td><td></td><td>大坝类型</td><td></td><td rowspan="2">维修养护等级</td><td rowspan="2"></td></tr>
<tr><td rowspan="7">大坝主体工程</td><td rowspan="2">混凝土坝</td><td>坝顶轴线长/m</td><td></td><td>最大坝高/m</td><td></td></tr>
<tr><td>坡度系数</td><td colspan="2"></td><td>坝顶公路形式</td><td colspan="2"></td></tr>
<tr><td>闸门</td><td>闸门面积/m^2</td><td colspan="2"></td><td>闸门类型</td><td colspan="2"></td></tr>
<tr><td>启闭机</td><td>启闭机数量/台</td><td colspan="2"></td><td>启闭机类型</td><td colspan="2"></td></tr>
<tr><td>机电设备</td><td>机电设备数量/(台,套)</td><td colspan="5"></td></tr>
<tr><td>物料、动力消耗</td><td>运行时间</td><td colspan="5"></td></tr>
<tr><td colspan="2">使用年限</td><td colspan="5"></td></tr>
</table>

续附表 2.1.2

工程概况	输、放水设施	输放水建筑物	洞线长/m		洞周长/m	
		闸门	闸门面积/m^2		闸门类型	
		启闭机	启闭机数量/台		启闭机类型	
		机电设备	机电设备数量/(台,套)			
		物料、动力消耗	启闭次数			
		使用年限				
	附属设施及管理区维修养护	使用年限				

续附表 2.1.2

序号	维修养护项目（基本）	定额标准/元	调整系数			维修养护经费/元
			影响因素	单项调整系数	综合调整系数	
一	大坝工程维修养护					
1	混凝土坝维修养护					
1.1	混凝土结构表面裂缝、破损、侵蚀及碳化处理		坝长			
			坝高			
			坡度系数			
			使用年限			
1.2	坝体表面保护层维修养护		坝长			
			坝高			
			坡度系数			
			使用年限			
			硬护坡方式			
1.3	坝顶路面维修养护		坝长			
			使用年限			
			路面结构形式			
1.4	防浪墙维修养护		坝长			
			使用年限			
1.5	伸缩缝、止水及排水设施维修养护		坝长			
			坝高			
			坡度系数			
			使用年限			

续附表 2.1.2

序号	维修养护项目（基本）	定额标准/元	调整系数			维修养护经费/元
			影响因素	单项调整系数	综合调整系数	
2	坝下消能防冲工程维修养护					
2.1	坝下消能防冲工程维修养护		使用年限			
2.2	护坎、护岸、护坡工程维修养护		使用年限			
3	闸门维修养护					
3.1	钢闸门及埋件防腐处理		闸门面积			
			闸门类型			
3.2	止水更换		闸门面积			
			闸门类型			
3.3	闸门行走支承装置维修养护		闸门面积			
			闸门类型			
4	启闭机维修养护					
4.1	机体表面防腐处理		启闭机数量			
			启闭机类型			
4.2	钢丝绳维修养护		启闭机数量			
			启闭机类型			
4.3	传(制)动系统维修养护		启闭机数量			
			启闭机类型			

续附表 2.1.2

序号	维修养护项目（基本）	定额标准/元	调整系数			维修养护经费/元
			影响因素	单项调整系数	综合调整系数	
5	机电设备维修养护					
5.1	电动机维修养护		电动机数量			
5.2	操作系统维修养护		设备套数			
5.3	配电设施维修养护		不调整			
5.4	输变电系统维修养护		不调整			
5.5	避雷设施维修养护		不调整			
6	物料、动力消耗					
6.1	电力消耗		启闭次数			
6.2	柴油消耗		启闭次数			
6.3	机油消耗		启闭次数			
6.4	黄油消耗		启闭次数			
二	输、放水设施维修养护					
1	进水口建筑物维修养护					
1.1	进水塔维修养护		使用年限			
1.2	卧管维修养护		使用年限			
2	涵(隧)洞维修养护					
2.1	洞身维修养护		洞线长			
			洞周长			
			使用年限			

续附表 2.1.2

序号	维修养护项目（基本）	定额标准/元	调整系数			维修养护经费/元
			影响因素	单项调整系数	综合调整系数	
2.2	进出口边坡维修养护		使用年限			
2.3	出口消能设施维修养护		使用年限			
3	闸门维修养护					
3.1	钢闸门及埋件防腐处理		闸门面积			
			闸门类型			
3.2	止水更换		闸门面积			
			闸门类型			
3.3	闸门行走支承装置维修养护		闸门面积			
			闸门类型			
4	启闭机维修养护					
4.1	机体表面防腐处理		启闭机数量			
			启闭机类型			
4.2	钢丝绳维修养护		启闭机数量			
			启闭机类型			
4.3	传(制)动系统维修养护		启闭机数量			
			启闭机类型			
5	机电设备维修养护					
5.1	电动机维修养护		电动机数量			
5.2	操作系统维修养护		设备套数			
5.3	配电设施维修养护		不调整			

续附表 2.1.2

序号	维修养护项目（基本）	定额标准/元	调整系数			维修养护经费/元
			影响因素	单项调整系数	综合调整系数	
5.4	输变电系统维修养护		不调整			
5.5	避雷设施维修养护		不调整			
6	物料、动力消耗					
6.1	电力消耗		启闭次数			
6.2	柴油消耗		启闭次数			
6.3	机油消耗		启闭次数			
6.4	黄油消耗		启闭次数			
三	附属设施及管理区维修养护					
1	房屋维修养护		使用年限			
2	管理区维修养护					
2.1	管理区道路维修养护		使用年限			
2.2	管理区排水沟维修养护		使用年限			
2.3	照明设施维修养护		使用年限			
2.4	管理区绿化保洁		使用年限			
2.5	坝前杂物清理		使用年限			
3	围墙、护栏、爬梯、扶手维修养护		使用年限			
4	标志牌维修养护		使用年限			
合计						

附表 2.1.3　水库工程维修养护调整项目经费计算表

<table>
<tr><td rowspan="3">工程概况</td><td>工程名称</td><td></td><td>管理单位</td><td colspan="3"></td><td>主管部门</td><td></td></tr>
<tr><td>工程所在地</td><td></td><td>大坝名称</td><td></td><td>大坝坝型</td><td></td><td>总库容/万 m^3</td><td></td></tr>
<tr><td>坝顶轴线长/m</td><td></td><td>最大坝高/m</td><td></td><td>工程规模</td><td></td><td>维修养护等级</td><td></td></tr>
<tr><td>序号</td><td colspan="2">维修养护项目（调整）</td><td colspan="2">计算依据</td><td>单位</td><td>数量</td><td>定额标准</td><td>维修养护经费/元</td></tr>
<tr><td>1</td><td colspan="2">库区抢险应急设备维修养护</td><td colspan="2">库区抢险应急设施资产</td><td>元</td><td></td><td>2%</td><td></td></tr>
<tr><td>2</td><td colspan="2">防汛物资器材维修养护</td><td colspan="2">需要养护的防汛物资采购总价值</td><td>元</td><td></td><td>1%</td><td></td></tr>
<tr><td>3</td><td colspan="2">通风机维修养护</td><td colspan="2">固定资产原值</td><td>元</td><td></td><td>10%</td><td></td></tr>
<tr><td>4</td><td colspan="2">自备发电机组维修养护</td><td colspan="2">实有功率</td><td>元</td><td></td><td>128 元/ kW</td><td></td></tr>
<tr><td>5</td><td colspan="2">雨水情测报、安全监测设施及信息化系统维修养护</td><td colspan="2">固定资产原值</td><td>元</td><td></td><td>8%</td><td></td></tr>
<tr><td>6</td><td colspan="2">库岸挡墙工程维修养护</td><td colspan="2">按实际工程量计算</td><td>m^3</td><td></td><td>403 元/ m^3</td><td></td></tr>
<tr><td>7</td><td colspan="2">坝顶限宽限高拦车墩维修养护</td><td colspan="2">实际处数</td><td>处</td><td></td><td>200 元/处</td><td></td></tr>
<tr><td>8</td><td colspan="2">白蚁防治</td><td colspan="2">防治面积</td><td>m^2</td><td></td><td>1.2 元/ m^2</td><td></td></tr>
<tr><td>9</td><td colspan="2">防汛专用道路维修养护</td><td colspan="2">实有数量</td><td>m^2</td><td></td><td>泥结碎石路面 54.03 元/m^2，其他路面 37.82 元/m^2</td><td></td></tr>
<tr><td>10</td><td colspan="2">安全鉴定</td><td colspan="5">参照当地类似工程安全鉴定费用计列</td><td></td></tr>
<tr><td>11</td><td colspan="2">引水坝及引水渠维修养护</td><td colspan="5">引水坝参照灌区工程的滚水坝、引水渠参照灌区工程的渠道计算</td><td></td></tr>
<tr><td colspan="8">合计</td><td></td></tr>
</table>

附表 2.2.1　水闸工程维修养护基本项目经费计算表

工程概况	工程名称		管理单位		主管单位	
	工程所在地					
	水闸校核(或设计)防洪标准		校核流量 $Q/(m^3/s)$		孔口数量/孔	
	孔口面积 A/m^2		工程规模		维修养护等级	
	启闭机类型		闸门类型		使用年限	
序号	维修养护项目(基本)	影响因素	单项调整系数	综合调整系数	定额标准/元	维修养护经费/元
一	水闸建筑物维修养护	校核流量	按直线内插法或外延法计算出定额标准			
		使用年限				
1	土工建筑物维修养护	使用年限				
2	砌石勾缝修补	使用年限				
3	砌石翻修	使用年限				
4	防冲设施抛石处理	使用年限				
5	反滤排水设施维修养护	使用年限				
6	混凝土结构表面裂缝、破损、侵蚀及碳化处理	使用年限				
7	伸缩缝、止水设施维修养护	使用年限				

续附表 2.2.1

序号	维修养护项目（基本）	影响因素	单项调整系数	综合调整系数	定额标准/元	维修养护经费/元
二	闸门维修养护					
1	工作闸门防腐处理	孔口面积				
		闸门类型				
2	闸门行走支承装置维修养护	孔口面积				
		闸门类型				
3	工作闸门止水更换	孔口面积				
		闸门类型				
4	闸门埋件维修养护	孔口面积				
		闸门类型				
5	检修门维修养护	孔口面积				
		闸门类型				
三	启闭机维修养护					
1	机体表面防腐处理	孔口数量				
		启闭机类型				
2	钢丝绳维修养护	孔口数量				
		启闭机类型				
3	传(制)动系统维修养护	孔口数量				
		启闭机类型				
4	检修门启闭机维修养护	孔口数量				
		启闭机类型				

续附表 2.2.1

序号	维修养护项目（基本）	影响因素	单项调整系数	综合调整系数	定额标准/元	维修养护经费/元
四	机电设备维修养护					
1	电动机维修养护	孔口数量				
2	操作设备维修养护	孔口数量				
3	变、配电设施维修养护	不调整	—			
4	输电系统维修养护	不调整	—			
5	避雷设施维修养护	不调整	—			
五	附属设施维修养护					
1	检修桥、工作桥维修养护	使用年限				
2	启闭机房维修养护	使用年限				
3	管理区房屋维修养护	使用年限				
4	管理区维修养护	使用年限				
5	围墙护栏维修养护	使用年限				
6	标志牌维修养护	使用年限				
六	物料、动力消耗					
1	电力消耗	启闭次数				
2	柴油消耗	启闭次数				
3	机油消耗	启闭次数				
4	黄油消耗	启闭次数				
七	闸室清淤	不调整	—			
八	水面杂物清理	不调整	—			
	合计					

注：2017 年以后新建水闸工程维修养护费用测算不考虑流量的调整系数。

附表 2.2.2　水闸工程维修养护调整项目经费计算表

<table>
<tr><td rowspan="5">工程概况</td><td>工程名称</td><td></td><td>管理单位</td><td></td><td>主管单位</td><td></td></tr>
<tr><td>工程所在地</td><td colspan="5"></td></tr>
<tr><td>水闸校核(或设计)防洪标准</td><td></td><td>过闸流量 $Q/(m^3/s)$</td><td></td><td>孔口数量/孔</td><td></td></tr>
<tr><td>孔口面积 A/m^2</td><td></td><td>工程规模</td><td></td><td>维修养护等级</td><td></td></tr>
<tr><td>启闭机类型</td><td></td><td>闸门类型</td><td></td><td>使用年限</td><td></td></tr>
<tr><td>序号</td><td>维修养护项目(调整)</td><td>计算依据</td><td>单位</td><td>数量</td><td>定额标准</td><td>维修养护经费/元</td></tr>
<tr><td>1</td><td>工作门启闭机配件更换</td><td>启闭机维修养护基本项目费用</td><td>元</td><td></td><td>10%</td><td></td></tr>
<tr><td>2</td><td>自备发电机组维修养护</td><td>实有功率</td><td>kW</td><td></td><td>128 元/kW</td><td></td></tr>
<tr><td>3</td><td>机电设备配件更换</td><td>机电设备维修养护基本项目费用</td><td>元</td><td></td><td>10%</td><td></td></tr>
<tr><td>4</td><td>雨水情测报、安全监测设施及信息化系统维修养护</td><td>固定资产</td><td>元</td><td></td><td>8%</td><td></td></tr>
<tr><td>5</td><td>防汛物资维修养护</td><td>固定资产</td><td>元</td><td></td><td>10%</td><td></td></tr>
<tr><td>6</td><td>启闭机及闸门安全检测与评级</td><td></td><td>元</td><td></td><td></td><td></td></tr>
<tr><td>7</td><td>白蚁防治</td><td></td><td>m^2</td><td></td><td>1.0 元/m^2</td><td></td></tr>
<tr><td>8</td><td>安全鉴定</td><td colspan="5">参照当地类似工程安全鉴定费用计列</td></tr>
<tr><td colspan="6">合计</td><td></td></tr>
</table>

附表 2.3.1　堤防工程维修养护基本项目经费计算表

<table>
<tr><td rowspan="4">工程概况</td><td>工程名称</td><td></td><td>管理单位</td><td></td><td colspan="2">工程所在地</td><td colspan="2"></td></tr>
<tr><td>堤防工程等级</td><td></td><td>维修养护等级</td><td></td><td colspan="2">堤防长度/km</td><td colspan="2"></td></tr>
<tr><td>堤身土质类别</td><td></td><td>堤顶路面结构</td><td></td><td colspan="2">堤内、外坡结构形式及坡比</td><td colspan="2"></td></tr>
<tr><td>堤身高度 H/m</td><td></td><td>建筑轮廓线长度 L/m</td><td></td><td colspan="2">堤顶路面宽度 B/m</td><td colspan="2"></td></tr>
<tr><td rowspan="2">序号</td><td colspan="2" rowspan="2">维修养护项目（基本）</td><td rowspan="2">定额标准/元</td><td colspan="3">调整系数</td><td rowspan="2">数量</td><td rowspan="2">维修养护经费/元</td></tr>
<tr><td>影响因素</td><td>单项调整系数</td><td>综合调整系数</td></tr>
<tr><td>一</td><td colspan="2">堤顶维修养护</td><td></td><td></td><td></td><td></td><td></td><td></td></tr>
<tr><td rowspan="2">1</td><td colspan="2" rowspan="2">堤肩土方养护修整</td><td rowspan="2"></td><td>堤顶路面宽度</td><td></td><td></td><td></td><td></td></tr>
<tr><td>堤身土质及结构</td><td></td><td></td><td></td><td></td></tr>
<tr><td>2</td><td colspan="2">堤顶路面维修养护</td><td></td><td>路面结构</td><td></td><td></td><td></td><td></td></tr>
<tr><td>3</td><td colspan="2">防浪墙维修养护</td><td></td><td>防浪墙长度</td><td></td><td></td><td></td><td></td></tr>
<tr><td>二</td><td colspan="2">堤坡维修养护</td><td></td><td></td><td></td><td></td><td></td><td></td></tr>
<tr><td rowspan="2">1</td><td colspan="2" rowspan="2">堤坡土方养护修整</td><td rowspan="2"></td><td>堤身高度</td><td></td><td rowspan="2"></td><td rowspan="2"></td><td rowspan="2"></td></tr>
<tr><td>堤身土质及结构</td><td></td></tr>
<tr><td rowspan="2">2</td><td colspan="2" rowspan="2">上、下堤道路路面维修养护</td><td rowspan="2"></td><td>堤身高度</td><td></td><td rowspan="2"></td><td rowspan="2"></td><td rowspan="2"></td></tr>
<tr><td>路面结构</td><td></td></tr>
</table>

续附表 2.3.1

序号	维修养护项目（基本）	定额标准/元	调整系数			数量	维修养护经费/元
			影响因素	单项调整系数	综合调整系数		
3	迎水侧护坡维修养护		堤身高度				
			迎水坡结构形式				
			建筑轮廓线长度				
4	背水侧护坡维修养护		堤身高度				
			背水坡结构形式				
			建筑轮廓线长度				
4.1	草皮护坡养护						
4.2	草皮补植						
5	堤脚干砌块石翻修		不调整				
三	附属设施维修养护						
1	房屋维修养护		不调整				
2	管理区维修养护		不调整				
3	围墙护栏维修养护		不调整				
4	标志牌维修养护		不调整				
5	限高限速拦车墩维修养护		不调整				
合计							

附表 2.3.2　堤防工程维修养护调整项目经费计算表

<table>
<tr><td rowspan="4">工程概况</td><td>工程名称</td><td></td><td>管理单位</td><td colspan="2"></td><td>工程所在地</td><td></td></tr>
<tr><td>堤防工程等级</td><td></td><td>维修养护等级</td><td colspan="2"></td><td>堤防长度/km</td><td></td></tr>
<tr><td>堤身土质类别</td><td></td><td>堤顶路面结构</td><td colspan="2"></td><td>堤内、外坡结构形式及坡比</td><td></td></tr>
<tr><td>堤身高度 H/m</td><td></td><td>建筑轮廓线长度 L/m</td><td colspan="2"></td><td>堤顶路面宽度 B/m</td><td></td></tr>
<tr><td>序号</td><td>维修养护项目（调整）</td><td>计算依据</td><td>维修养护等级</td><td>单位</td><td>数量</td><td>定额标准</td><td>维修养护经费/元</td></tr>
<tr><td>1</td><td>前后戗堤维修养护</td><td>实有长度</td><td></td><td>元/km</td><td></td><td></td><td></td></tr>
<tr><td>2</td><td>减压井及排渗工程维修养护</td><td>实有数量</td><td>各等级</td><td>元/处（km）</td><td></td><td>712</td><td></td></tr>
<tr><td>3</td><td>护堤林带养护</td><td>实有数量</td><td>各等级</td><td>元/棵</td><td></td><td>0.74</td><td></td></tr>
<tr><td>4</td><td>防洪墙维修养护</td><td>实有数量</td><td>各等级</td><td>元/m^2</td><td></td><td>108.35</td><td></td></tr>
<tr><td>5</td><td>抛石护岸整修</td><td>实有数量</td><td>各等级</td><td>元/m^3</td><td></td><td>176.92</td><td></td></tr>
<tr><td>6</td><td>排水沟维修养护</td><td>实有数量</td><td>各等级</td><td>元/m</td><td></td><td>7.64</td><td></td></tr>
</table>

续附表 2.3.2

序号	维修养护项目（调整）	计算依据	维修养护等级	单位	数量	定额标准	维修养护经费/元
7	护堤地界埂整修	实有数量	各等级	元/m		0.29	
8	穿堤涵闸工程维修养护	实有数量	各等级	元			
9	泵站工程维修养护	实有数量	各等级	元			
10	白蚁防治	实有数量	各等级	元/m^2		1.0	
11	亲水平台维修养护	实有数量	各等级	元/m^2		226	
12	堤防隐患探测	实有深度	普通探测	元/m		7.88	
			详细探测	元/m		10.35	
13	堤面保洁	实有数量	城镇	元/100 m^2		30	
			农村	元/100 m^2		15	
14	防汛物资维修养护	养护防汛物资采购总价值	各等级	%		1	
15	雨水情测报、安全监测设施及信息化系统维修养护	固定资产原值	各等级	%		8	
16	其他维修养护项目						
合计							

附表 2.4.1　泵站工程维修养护基本项目经费计算表

<table>
<tr><td rowspan="5">工程概况</td><td>工程名称</td><td></td><td>管理单位</td><td></td><td>主管单位</td><td></td></tr>
<tr><td>工程所在地</td><td></td><td>工程等级</td><td></td><td>维修养护等级</td><td></td></tr>
<tr><td>装机功率 P/kW</td><td></td><td>装机流量 Q/(m^3/s)</td><td></td><td>水泵类型</td><td></td></tr>
<tr><td>接触水体</td><td></td><td>使用年限</td><td></td><td>水泵型号</td><td></td></tr>
<tr><td>泵站作用</td><td></td><td>近三年平均运行时间/h</td><td></td><td>动力类型</td><td></td></tr>
<tr><td rowspan="2">序号</td><td rowspan="2">维修养护项目</td><td rowspan="2">实际工程定额标准/元</td><td colspan="3">调整系数</td><td rowspan="2">维修养护经费/元</td></tr>
<tr><td>影响因素</td><td>单项调整系数</td><td>综合调整系数</td></tr>
<tr><td>一</td><td>机电设备维修养护</td><td></td><td></td><td></td><td></td><td></td></tr>
<tr><td rowspan="5">1</td><td rowspan="5">主机组维修养护</td><td rowspan="5"></td><td>装机功率</td><td></td><td rowspan="5"></td><td rowspan="5"></td></tr>
<tr><td>水泵类型</td><td></td></tr>
<tr><td>动力类型</td><td></td></tr>
<tr><td>运行时间</td><td></td></tr>
<tr><td>接触水体</td><td></td></tr>
<tr><td rowspan="2">2</td><td rowspan="2">输变电系统维修养护</td><td rowspan="2"></td><td>装机功率</td><td></td><td rowspan="2"></td><td rowspan="2"></td></tr>
<tr><td>动力类型</td><td></td></tr>
<tr><td rowspan="2">3</td><td rowspan="2">操作设备维修养护</td><td rowspan="2"></td><td>装机功率</td><td></td><td rowspan="2"></td><td rowspan="2"></td></tr>
<tr><td>动力类型</td><td></td></tr>
<tr><td rowspan="2">4</td><td rowspan="2">配电设备维修养护</td><td rowspan="2"></td><td>装机功率</td><td></td><td rowspan="2"></td><td rowspan="2"></td></tr>
<tr><td>动力类型</td><td></td></tr>
</table>

续附表 2.4.1

序号	维修养护项目	实际工程定额标准/元	调整系数			维修养护经费/元
			影响因素	单项调整系数	综合调整系数	
5	避雷设施维修养护		装机功率			
			动力类型			
二	辅助设备维修养护					
1	油、气、水系统维修养护		装机功率			
2	起重设备维修养护		装机功率			
3	拍门、拦污栅等维修养护		装机功率			
三	泵站建筑物维修养护					
1	泵房维修养护		装机功率			
			使用年限			
2	进、出水池(渠)维修养护		装机功率			
			使用年限			
3	进、出水池(渠)清淤		装机功率			
			使用年限			
四	附属设施维修养护					

续附表 2.4.1

序号	维修养护项目	实际工程定额标准/元	调整系数			维修养护经费/元
			影响因素	单项调整系数	综合调整系数	
1	管理房屋维修养护		装机功率			
			使用年限			
2	管理区维修养护		装机功率			
			使用年限			
3	围墙护栏维修养护		装机功率			
			使用年限			
4	标志牌维修养护		装机功率			
			使用年限			
五	物料、动力消耗					
1	电力消耗		装机功率			
			动力类型			
2	柴油消耗		装机功率			
3	机油消耗		装机功率			
4	黄油消耗		装机功率			
5	轴承油		装机功率			
6	密封填料		装机功率			
六	水面杂物清理		维修养护等级			
合计						

附表 2.4.2　泵站工程维修养护调整项目经费计算

<table>
<tr><td rowspan="5">工程概况</td><td>工程名称</td><td></td><td>管理单位</td><td></td><td>主管单位</td><td></td></tr>
<tr><td>工程所在地</td><td></td><td>工程等级</td><td></td><td>维修养护等级</td><td></td></tr>
<tr><td>装机功率 P/kW</td><td></td><td>装机流量 $Q/(m^3/s)$</td><td></td><td>水泵类型</td><td></td></tr>
<tr><td>接触水体</td><td></td><td>使用年限</td><td></td><td>水泵型号</td><td></td></tr>
<tr><td>泵站作用</td><td></td><td>近三年平均运行时间/h</td><td></td><td>动力类型</td><td></td></tr>
<tr><td>序号</td><td>项目名称</td><td>计算依据</td><td colspan="2">数量</td><td>定额标准</td><td>维修养护经费/元</td></tr>
<tr><td>1</td><td>自备发电机组维修养护</td><td>实有功率</td><td colspan="2"></td><td>128 元/kW</td><td></td></tr>
<tr><td>2</td><td>机电设备配件更换</td><td>固定资产</td><td colspan="2"></td><td>2%</td><td></td></tr>
<tr><td>3</td><td>辅助设备配件更换</td><td>固定资产</td><td colspan="2"></td><td>1%</td><td></td></tr>
<tr><td>4</td><td>雨水情测报、安全监测设施及信息化系统维修养护</td><td>固定资产</td><td colspan="2"></td><td>8%</td><td></td></tr>
<tr><td>5</td><td>引水管道工程维修养护</td><td>固定资产</td><td colspan="2"></td><td>0.5%</td><td></td></tr>
<tr><td>6</td><td>进水闸、检修闸工程维修养护</td><td></td><td colspan="2"></td><td></td><td></td></tr>
<tr><td>7</td><td>泵站建筑物及设备等级评定</td><td></td><td colspan="2"></td><td></td><td></td></tr>
<tr><td>8</td><td>白蚁防治</td><td>实有面积</td><td colspan="2"></td><td>1.0 元/m²</td><td></td></tr>
<tr><td>9</td><td>安全鉴定</td><td colspan="5">参照当地类似工程安全鉴定费用计列</td></tr>
<tr><td colspan="6">合计</td><td></td></tr>
</table>

附表 2.5.1　灌区工程维修养护基本项目经费计算表

<table>
<tr><td rowspan="8">工程概况</td><td>工程名称</td><td></td><td>设计过水流量 $Q/(m^3/s)$</td><td></td><td>维修养护等级</td><td colspan="2"></td></tr>
<tr><td>渠道设计流量 $Q/(m^3/s)$</td><td></td><td>渠顶路面结构</td><td></td><td>使用年限</td><td colspan="2"></td></tr>
<tr><td>渡槽设计流量 $Q/(m^3/s)$</td><td></td><td>渡槽结构</td><td></td><td>渡槽长度/m</td><td></td><td>使用年限</td></tr>
<tr><td>倒虹吸设计流量 $Q/(m^3/s)$</td><td></td><td>倒虹吸结构</td><td></td><td>倒虹吸长度/m</td><td></td><td>使用年限</td></tr>
<tr><td>涵洞设计流量 $Q/(m^3/s)$</td><td></td><td>涵洞长度/m</td><td></td><td>使用年限</td><td colspan="2"></td></tr>
<tr><td>隧洞设计流量 $Q/(m^3/s)$</td><td></td><td>隧洞长度/m</td><td></td><td>使用年限</td><td colspan="2"></td></tr>
<tr><td>滚水坝坝体体积 V/m^3</td><td></td><td>滚水坝坝体结构</td><td></td><td>使用年限</td><td colspan="2"></td></tr>
<tr><td>橡胶坝坝长 L/m</td><td></td><td>橡胶坝滚水堰长 L/m</td><td></td><td>橡胶坝滚水堰高 H/m</td><td></td><td>使用年限</td></tr>
<tr><td>序号</td><td>项目名称</td><td>影响因素</td><td>调整系数</td><td>综合调整系数</td><td>定额标准</td><td>数量</td><td>维修养护经费/元</td></tr>
<tr><td>一</td><td>灌排渠沟工程维修养护</td><td></td><td></td><td></td><td></td><td></td><td></td></tr>
<tr><td>1</td><td>渠(沟)顶维修养护</td><td></td><td></td><td></td><td></td><td></td><td></td></tr>
<tr><td>1.1</td><td>渠(沟)顶土方维修养护</td><td></td><td></td><td></td><td></td><td></td><td></td></tr>
<tr><td>1.2</td><td>渠(沟)顶道路维修养护</td><td></td><td></td><td></td><td></td><td></td><td></td></tr>
<tr><td>2</td><td>渠(沟)边坡维修养护</td><td></td><td></td><td></td><td></td><td></td><td></td></tr>
<tr><td>2.1</td><td>渠(沟)边坡土方维修养护</td><td></td><td></td><td></td><td></td><td></td><td></td></tr>
<tr><td>2.2</td><td>渠(沟)衬砌工程</td><td></td><td></td><td></td><td></td><td></td><td></td></tr>
</table>

续附表 2.5.1

序号	项目名称	影响因素	调整系数	综合调整系数	定额标准	数量	维修养护经费/元
2.3	表面杂草清理						
3	沟渠清淤						
4	水生生物清理						
二	灌排建筑物维修养护						
1	渡槽工程维修养护						
1.1	进出口段及槽台维修养护						
1.2	结构表面裂缝、破损、碳化处理						
1.3	伸缩缝维修养护						
1.4	护栏维修养护						
1.5	渡槽清淤						
2	倒虹吸工程维修养护						
2.1	进出口段维修养护						
2.2	结构表面裂缝、破损、侵蚀及碳化处理						
2.3	伸缩缝维修养护						
2.4	拦污栅维修养护						
2.5	倒虹吸清淤						
3	涵(隧)洞工程维修养护						
3.1	进出口段维修养护						

续附表 2.5.1

序号	项目名称	影响因素	调整系数	综合调整系数	定额标准	数量	维修养护经费/元
3.2	混凝土或砌石结构表面裂缝、破损、侵蚀及碳化处理						
3.3	伸缩缝维修养护						
3.4	拦污栅维修养护						
3.5	涵(隧)洞清淤						
4	管道工程维修养护						
4.1	进出口段维修养护						
4.2	管网维修养护						
4.3	连接接头维修养护						
4.4	附属件维修养护						
4.5	管道清淤						
5	滚水坝工程维修养护						
5.1	结构表面裂缝、破损、侵蚀处理						
5.2	伸缩缝维修养护						
5.3	消能防冲设施维修养护						
5.4	反滤及排水设施维修养护						

续附表 2.5.1

序号	项目名称	影响因素	调整系数	综合调整系数	定额标准	数量	维修养护经费/元
6	橡胶坝工程						
6.1	橡胶袋维修养护						
6.2	底板、护坡及岸、翼墙混凝土或砌石维修养护						
6.3	消能防冲设施破损修补						
7	跌水、陡坡维修养护						
三	附属设施及管理区维修养护						
1	房屋维修养护						
2	管理区维修养护						
3	标识牌、碑桩维修养护						
四	绿化保洁维修养护						
1	草皮养护						
2	草皮补植						
3	水面保洁						
合计							

附表 2.5.2　灌区工程维修养护调整项目经费计算表

工程名称				维修养护等级		
序号	维修养护项目内容	计算依据	单位	数量	定额标准	维修养护经费/元
1	导渗及排渗工程维修养护					
2	护渠林(地)养护					
3	橡胶坝金结、机电及控制设备维修养护					
4	生产桥维修养护					
5	人行桥维修养护					
6	雨水情测报、安全监测设施及信息化系统维修养护					
7	围墙护栏维修养护					
8	格栅清污机维修养护					
9	限宽限高拦车墩维修养护					
10	安全护栏维修养护					
11	材料二次转运					
12	渠下涵及放水涵维修养护					
13	白蚁防治					
14	灌区涵闸工程维修养护					
15	灌区泵站工程维修养护					
合计						

附表2.6 水文监测工程维修养护经费计算表

<table>
<tr><td rowspan="3">工程概况</td><td>监测工程名称</td><td></td><td colspan="2">监测工程等级</td><td></td></tr>
<tr><td>监测工程地址</td><td colspan="4"></td></tr>
<tr><td>管理单位</td><td></td><td colspan="2">主管单位</td><td></td></tr>
<tr><td>序号</td><td colspan="2">维修养护项目</td><td>原值/元</td><td>定额标准/%</td><td>维修养护经费/元</td></tr>
<tr><td>一</td><td colspan="2">基础设施</td><td></td><td></td><td></td></tr>
<tr><td>1</td><td colspan="2">水文测验河段基础设施</td><td></td><td></td><td></td></tr>
<tr><td>1.1</td><td colspan="2">水文测验断面及基线标志</td><td></td><td>4</td><td></td></tr>
<tr><td>1.2</td><td colspan="2">平面及高程控制标志</td><td></td><td>4</td><td></td></tr>
<tr><td>1.3</td><td colspan="2">测验码头等基础设施</td><td></td><td>6</td><td></td></tr>
<tr><td>2</td><td colspan="2">水位观测设施</td><td></td><td></td><td></td></tr>
<tr><td>2.1</td><td colspan="2">水位自记观测基础设施</td><td></td><td>4</td><td></td></tr>
<tr><td>2.2</td><td colspan="2">水尺及水尺基础设施</td><td></td><td>19</td><td></td></tr>
<tr><td>3</td><td colspan="2">流量(渡河)测验设施</td><td></td><td></td><td></td></tr>
<tr><td>3.1</td><td colspan="2">水文缆道设施</td><td></td><td>5</td><td></td></tr>
<tr><td>3.2</td><td colspan="2">测流建筑物</td><td></td><td>1</td><td></td></tr>
<tr><td>3.3</td><td colspan="2">检定设施</td><td></td><td>2</td><td></td></tr>
<tr><td>4</td><td colspan="2">泥沙测验设施</td><td></td><td></td><td></td></tr>
<tr><td>4.1</td><td colspan="2">泥沙测验设施</td><td></td><td>2</td><td></td></tr>
<tr><td>4.2</td><td colspan="2">泥沙分析基础设施</td><td></td><td>2</td><td></td></tr>
<tr><td>5</td><td colspan="2">降水和蒸发观测设施</td><td></td><td></td><td></td></tr>
<tr><td>5.1</td><td colspan="2">降水、蒸发观测场基础设施</td><td></td><td>4</td><td></td></tr>
<tr><td>5.2</td><td colspan="2">降水、蒸发观测仪器基础设施</td><td></td><td>4</td><td></td></tr>
</table>

续附表 2.6

序号	维修养护项目	原值/元	定额标准/%	维修养护经费/元
6	水质测验基础设施			
6.1	水质采样设施		5	
6.2	水质分析基础设施		4	
7	供电和通信基础设施			
7.1	供电、通信基础设施		4	
7.2	供电、通信线路		4	
8	生产、生活用房及附属设施			
8.1	生产、生活用房		1	
8.2	生产、生活附属设施		5	
9	安全生产及其他设施			
9.1	避雷设施		9	
9.2	消防设施		9	
9.3	防盗设施		9	
9.4	安全警示、测站标志等设施		5	
二	基础设备			
1	水位观测仪器设备			
1.1	水位人工观测设备		4	
1.2	自记水位计		5	

续附表 2.6

序号	维修养护项目	原值/元	定额标准/%	维修养护经费/元
1.3	水温计		4	
2	流量测验仪器设备			
2.1	水文缆道		4	
2.2	水文测船		4	
2.3	流速测验仪器设备		4	
2.4	其他流量测验设备		4	
3	泥沙测验分析仪器设备			
3.1	泥沙采样仪器设备		4	
3.2	泥沙处理仪器设备		4	
3.3	泥沙颗粒分析仪器设备		4	
4	降水、蒸发观测仪器设备		4	
5	水质测验仪器设备			
5.1	水质采样、储存仪器设备		5	
5.2	水质移动实验室、自动监测站仪器设备		5	
5.3	实验室水质分析仪器设备		4	
6	地下水及土壤墒情测验仪器设备			
6.1	地下水测验仪器设备		4	

续附表 2.6

序号	维修养护项目	原值/元	定额标准/%	维修养护经费/元
6.2	土壤墒情测验仪器设备		4	
7	测绘仪器设备			
7.1	光学测量仪器设备		6	
7.2	电子测绘仪器设备		4	
8	交通通信设备			
8.1	防汛、巡测交通设备		4	
8.2	通信设备		9	
9	水文软件			
9.1	水文分析软件		10	
9.2	水文管理软件		10	
10	其他仪器设备			
10.1	办公仪器设备		10	
10.2	动力设备		9	
10.3	安全设备		9	
10.4	生活附属设备		10	
合计				

附表 3　其他经费计算表

工程名称		维修养护等级		
序号	项目名称	计算基准	经费预算/元	备注
一	招标代理或政府采购费			不招标无此项
二	预算编制费			自编无此项
三	结算审核费			
合计				

注:计算基准为基本项目与调整项目之和。